my robot time

AI机器人时代

机器人创新实验教程

上册

丛书主编 钟艳如

丛书副主编 陈 洁

本册主编 陈 洁 伍大智

机械工业出版社
CHINA MACHINE PRESS

本书为《机器人创新实验教程　4级上册》，使用了MRT Scratch图形化的编程软件。学生既可运用MRT Scratch和Arduino免费开放软件的Arduino Sketch进行编程基础学习，还可通过塑料模块、铝质模块和传感器进行多样化结合来制作属于自己的机器人，并利用软件和硬件相结合实现机器人功能，通过创意设计培养学生解决问题的能力和创新创造能力。

图书在版编目（CIP）数据

AI机器人时代：机器人创新实验教程．4级．上册 / 钟艳如主编；陈洁，伍大智本册主编．—北京：机械工业出版社，2019.12

ISBN 978-7-111-64509-2

Ⅰ．①A…　Ⅱ．①钟…②陈…③伍…　Ⅲ．①智能机器人－教材

Ⅳ．①TP242.6

中国版本图书馆CIP数据核字（2019）第296431号

机械工业出版社（北京市百万庄大街22号　邮政编码100037）
策划编辑：熊　铭　　责任编辑：熊　铭　何卫峰
责任校对：刘雅娜　　封面设计：滕沛芳　黄　辉
责任印制：常天培
北京富资园科技发展有限公司印刷
2020年2月第1版第1次印刷
184mm×260mm · 13.5印张 · 329千字
标准书号：ISBN 978-7-111-64509-2
定价：115.00元（共2册）

电话服务　　　　　　　　　　网络服务
客服电话：010-88361066　机　工　官　网：www.cmpbook.com
　　　　　010-88379833　机　工　官　博：weibo.com/cmp1952
　　　　　010-68326294　金　书　网：www.golden-book.com
封底无防伪标均为盗版　机工教育服务网：www.cmpedu.com

编写人员

顾　　问　朱光喜　李旭涛

丛书主编　钟艳如

丛书副主编　陈　洁

本册主编　陈　洁　伍大智

本册副主编　房济城

本册参编　白　净　陈　坤　陈　丽　邓彩梅　董朝旭
胡　杰　黄　辉　贾　楠　李振庭　翁杰军
肖海明　周　靓　周宇雄　邹玉婷

序

以饱满的热情、创新的姿态，昂首迈进人工智能时代

世界已从制造经济时代进入了资讯经济时代，生活亦将从“互联网+”时代开始向“人工智能+”时代迈进

近几十年来，我们周围的世界乃至全球的经济与生活无时无刻不在发生着巨大变革。推动经济和社会大步向前发展的已不仅仅是直白可视的工业制造和机器，更有人类的思维与资讯。我们的世界已从制造经济时代进入了资讯经济时代，生产方式正从“机械自动化”逐渐向“人工智能化”过渡，我们的生活亦将很快从当前的“互联网+”时代开始向“人工智能+”时代迈进，新知识和新技能显得尤为重要。

编程和人工智能在新经济和新生活时代的作用与地位

人工智能（Artificial Intelligence），英文缩写为AI。它是研究、开发用于模拟、延伸和扩展人的智能的理论、方法、技术及应用系统的一门新的技术科学。该领域的研究包括机器人、语言识别、图像识别、自然语言处理和专家系统等。百度无人驾驶汽车、谷歌机器人（Alpha Go）大战李世石等都是人工智能技术的体现。

近年来，我国已经针对人工智能制定了各类规划和行动方案，全力支持人工智能产业的发展。

显然，人工智能时代已经到来！

三 人工智能时代的STEAM教育

人工智能时代的STEAM教育，其核心之一是培养学生的计算思维，所谓计算思维就是"利用计算机科学中的基本概念来解决问题、设计系统以及了解人类行为。"计算思维是解决问题的新方法，能够改变学生的学习方式，帮助学生创建克服困难的思路。虽然计算思维的基础是计算机科学中的编程等，但它已被普遍地应用于所有学科，包括文学、经济学、数学、化学等。

通过学习编程与人工智能培养出来的计算思维，至少在以下3个方面能给学生带来极大益处。

（1）解决问题的能力。掌握了计算思维的学生能更好地知道如何克服突发困难，并且尽可能快速地给出解决方案。

（2）创造性思考的能力。掌握了计算思维的学生更善于研究、收集和了解最新的信息，然后运用新的信息来解决各种问题和实施各项方案。

（3）独立自信的精神。掌握了计算思维的学生能更好地适应团队工作，在独立面对挑战时表现得更为自信和淡定。

鉴于编程和人工智能在中小学STEAM教育中的重要性，全球很多国家和地区都有立法要求学校开设相关课程。2017年，我国国务院、教育部也先后公布《新一代人工智能发展规划》《中小学综合实践活动课程指导纲要》等文件，明确提出要在中小学阶段设置编程和人工智能相关课程，这将对我国教育体制改革具有深远影响。

四 机器人在开展编程与人工智能教育时的独特地位

机器人之所以会逐步成为STEAM教育和技术巧妙融合的最好载体并广受欢迎，是因为机器人相比其他教学载体，如无人机、3D打印机、激光切割机等，有着其自身的鲜明特点。

（1）以教育机器人作为STEAM教育的物理载体，能很好地兼顾教育的趣味性、多样性、延展性、创意性、安全性和政策性。

（2）机器人教育能够弥补学校教育中缺乏的对学生动手能力和操作能力的实训。

（3）机器人教育是跨多学科知识的综合教育，机器人具有明显的跨界、融合、协同等特征，融合了电子、计算机软硬件、传感器、自动控制、人工智能、机械设计、人机交互、网络通信、仿生学和材料学等多学科技术，有助于培养学生综合素质。

（4）机器人教育适合各年龄段的学生参与学习，幼儿园阶段、中小学阶段甚至大学阶段，都能在机器人教育阶梯中找到自己的位置。

五 《AI 机器人时代 机器人创新实验教程》的重要性和稀缺性

《AI机器人时代 机器人创新实验教程》是依据STEAM教育“四位一体”教学理论和模式编写的，本系列课程共分1~4级，每级分上、下两册。

每级课程分别是基于不同年龄段的学生特点进行开发设计的。课程各单元开篇采用故事、游戏、问答以及图片或视频的形式引出主题，并提供主题背景知识，加深学生印象；课程按1~4级，从结构搭建、原理讲解到简单编程、复杂编程，从具体思维到抽象思维，从简单到复杂，从低级到高级，进行讲解；所涉及的学科内容涵盖了计算机、电子、结构、力学、数学、设计、社会学、人文学甚至历史等。通过本系列课程的学习，可以激发学生对科学探究的兴趣，通过机器人拼装、运行等帮助学生更好地学习到物理、编程和人工智能等相关知识与技能，提升对学生计算思维、创新能力和空间想象力的培养，并更好地理解人与自然、人与人、人与时间的联系等。

此外，本系列课程的编写顾问和编写成员阵容强大，除了韩端国际教育科技（深圳）有限公司（后简称：韩端国际）具有丰富经验、颇深专业素养的课程开发团队外，还诚邀中国教育技术协会副会长、中国教育技术协会技术标准委员会秘书长钟晓流教授，清华大学电子工程系博士生导师、国家自然科学基金资助项目会议评审专家杨健教授，汕头大学电子工程系李旭涛教授，以及多位曾任或现任教育主管部门负责人、教育考试院专家、知名中小学校校长、STEAM教育科研组资深老师等加入，保证了本系列课程的专业性、广泛性、实用性以及权威性。

我是在工作中了解到韩端国际的。这是一家十多年来专注于教育机器人领域的国家级高新技术企业，它长期致力于向广大学校、教培机构、学生和家长，提供“机器人+编程+人工智能+课程”的产品和服务，用户已经覆盖包括中国在内的全球近50个国家和地区，可以称得上是全球领先的科技教育品牌；它的教育机器人品牌是MRT（全称：MY ROBOT TIME）。从认识开始，我就对一个企业能十年如一日地专注于一个领域深耕，尤其是在投入长、要求高、回报慢的教育行业，是颇有好感，也是很钦佩的！2017年，韩端国际人又适时提出了“矢志打造人工智能时代行业基石”的口号，我个人对此是非常认同的。他们是真正在践行“编程和人工智能教育，从娃娃抓起”的理念，这是时代的呼唤，也是用户的诉求，既有对未来行业发展方向正确的认知，也有对行业发展责任勇敢的承担。

最后，我想说，不管你是否准备好，人工智能时代确实已经到来，那就让我们和我们的下一代，以饱满的热情、创新的姿态，昂首迈进人工智能时代吧！

此序。

朱光喜

2019年3月31日

写于华中科技大学

本册闯关地图

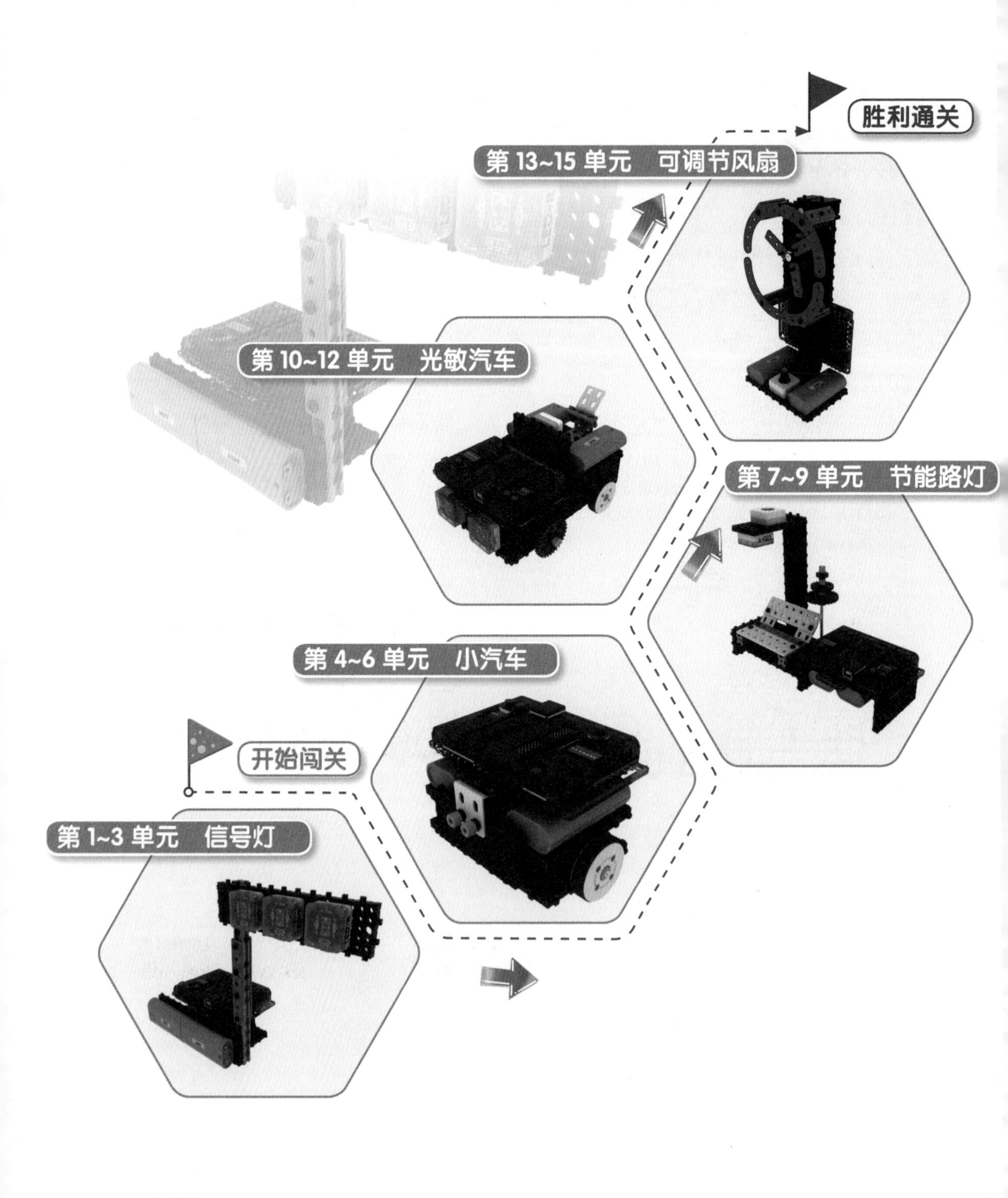
胜利通关
第 13~15 单元　可调节风扇
第 10~12 单元　光敏汽车
第 7~9 单元　节能路灯
第 4~6 单元　小汽车
开始闯关
第 1~3 单元　信号灯

教学“工具包”配件清单

铝框架

AL框架13(8)

AL框架15(4)

AL框架39(2)

AL框架17(4)

AL框架113(2)

AL框架27(2)

90度框架(2)

圆框架(4)

ABS模块

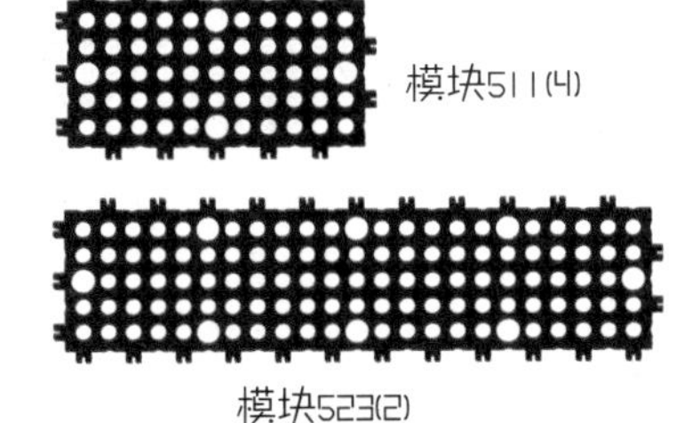

模块511(4)

模块523(2)

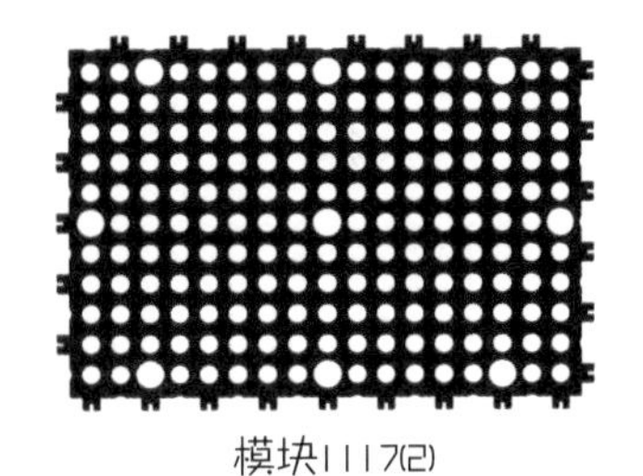

模块1117(2)

支架/柱子模块

90度支架(2)

135度支架(2)

柱子模块23(6)

柱子模块45(4)

注：1.清单中“AL框架13（8）”指的是竖直方向有1个圆孔、水平方向有3个圆孔的框架，数量为8个，下同。

2.在产品质量改进过程中，一些部件的外观和颜色有可能与实物有所不同。

齿轮/轮子

小齿轮(2)

中齿轮(2)

大齿轮(2)

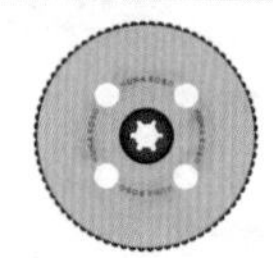
小轮子(2)

钢轴/护帽

31mm钢轴(4)

44mm钢轴(2)

70mm钢轴(2)

95mm钢轴(2)

120mm钢轴(2)

蓝护帽(10)

固定护帽(5)

小护帽(10)

螺钉/螺丝刀具

8mm
短螺钉(20)

16mm
中螺钉(20)

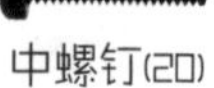

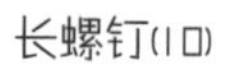
20mm
长螺钉(10)

螺母(50)

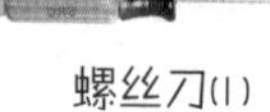
螺丝刀(1)

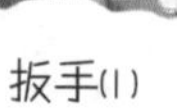
扳手(1)

传感器/组件

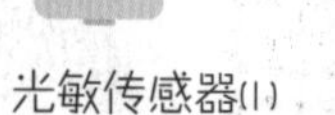
光敏传感器(1)

扬声器(1)

可变电阻(1)

LED(G)

LED(Y)

LED(R)

主板/其他组件

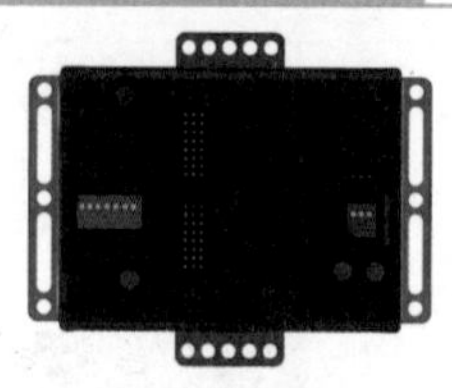
主板(1)

DC马达(2)

伺服马达专用
小螺钉(2)

伺服架(2)

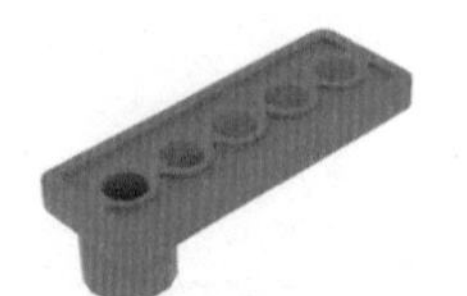
伺服horn(1)

伺服马达(1)

6V电池夹(1)

my robot time

AI机器人时代

机器人创新实验教程

上册

实训评价手册

“自评结果”按“一般”“合格”“优秀”填写
“综合评价”由指导老师填写

班级________________

姓名________________

机械工业出版社
CHINA MACHINE PRESS

第 1 单元　信号灯搭建

自评项	自评细则	自评结果
背景导入	认真了解背景知识	
	积极提出疑问	
	主动了解更多相关知识	
实验过程	准备所需配件	
	完成模型搭建	
	正确连接元器件	
	整理配件，并放回原位	

你在搭建过程中有没有遇到什么困难？有什么体会？

综合评价：

第 2 单元　信号灯编程

用自己的语言写出或画出程序流程:

（续）

自评项	自评细则	自评结果
实验过程	程序编写正确无误	
	正确下载程序到主板中	
	程序正常运行	
	整理配件，并放回原位	
探索创意	尝试优化程序并运行	
	改写程序让绿灯闪烁	
	了解附近交通信号灯闪烁的时间顺序	
合作交流	合作记录一个路口的所有灯号	
	合作制作一个路口的信号灯	

记录一个路口的红绿灯正常工作状态，填写下表。

灯号	行为	时间
绿灯	亮	
绿灯	闪烁	
绿灯	熄	
黄灯	亮	
黄灯	熄	
红灯	亮	
红灯	熄	

综合评价：

第3单元　信号灯创意

写出或画出你希望设计什么样子的信号灯：

你想让信号灯怎么为人们服务？

自评项	自评细则	自评结果
探索创意	积极展开想象力	
	想出信号灯的用法并实现	
	搭建不同的模型	
结束整理	将配件拆卸整理，并放回原位	

综合评价：

第 4 单元　小汽车搭建

自评项	自评细则	自评结果
背景导入	认真了解背景知识	
	积极提出疑问	
	主动了解更多相关知识	
实验过程	准备所需配件	
	完成模型搭建	
	正确连接元器件	
	整理配件，并放回原位	
你在搭建过程中有没有遇到什么困难？有什么体会？		
综合评价：		

第 5 单元　小汽车编程

<table>
<tr><td colspan="3">用自己的语言写出或画出程序流程:</td></tr>
<tr><td>自评项</td><td>自评细则</td><td>自评结果</td></tr>
<tr><td rowspan="3">实验过程</td><td>程序编写正确无误</td><td></td></tr>
<tr><td>正确下载程序到主板中，程序正常运行</td><td></td></tr>
<tr><td>整理配件，并放回原位</td><td></td></tr>
<tr><td rowspan="2">探索创意</td><td>尝试更改速度正负观察效果</td><td></td></tr>
<tr><td>改写程序，让小汽车通过路障</td><td></td></tr>
<tr><td rowspan="2">合作交流</td><td>合作设计并实现迷宫</td><td></td></tr>
<tr><td>合作编程让小汽车通过别组的迷宫</td><td></td></tr>
<tr><td colspan="3">写出或画出小汽车通过路障的程序流程:</td></tr>
<tr><td colspan="3">综合评价:</td></tr>
</table>

第6单元　小汽车创意

<table>
<tr><td colspan="3">写出或画出你对概念汽车有什么样的想法?</td></tr>
<tr><td colspan="3">写出或画出你希望设计什么样的概念汽车?</td></tr>
<tr><td>自评项</td><td>自评细则</td><td>自评结果</td></tr>
<tr><td rowspan="3">探索创意</td><td>积极展开想象力</td><td></td></tr>
<tr><td>想出概念汽车的用法并实现</td><td></td></tr>
<tr><td>搭建不同的模型</td><td></td></tr>
<tr><td>结束整理</td><td>将配件拆卸整理，并放回原位</td><td></td></tr>
<tr><td colspan="3">综合评价:</td></tr>
</table>

第 7 单元　节能路灯搭建

<table>
<tr><th>自评项</th><th>自评细则</th><th>自评结果</th></tr>
<tr><td rowspan="3">背景导入</td><td>认真了解背景知识</td><td></td></tr>
<tr><td>积极提出疑问</td><td></td></tr>
<tr><td>主动了解更多相关知识</td><td></td></tr>
<tr><td rowspan="4">实验过程</td><td>准备所需配件</td><td></td></tr>
<tr><td>完成模型搭建</td><td></td></tr>
<tr><td>正确连接元器件</td><td></td></tr>
<tr><td>整理配件，并放回原位</td><td></td></tr>
<tr><td colspan="3">你在搭建过程中有没有遇到什么困难？有什么体会？</td></tr>
<tr><td colspan="3">综合评价：</td></tr>
</table>

第 8 单元　节能路灯编程

用自己的语言写出或画出程序流程:

（续）

自评项	自评细则	自评结果
实验过程	程序编写正确无误	
	正确下载程序到主板中	
	程序正常运行	
	整理配件，并放回原位	
探索创意	尝试更改程序并运行	
	尝试增加传感器并改写程序	
合作交流	向同学介绍自己的创意模型	
在教室中哪些地方可以实现路灯亮起？如果没有，你是怎么让路灯亮起的呢？		
综合评价：		

第 9 单元　节能路灯创意

<table>
<tr><td colspan="3">写出或画出你对智能城市有什么样的想法?</td></tr>
<tr><td colspan="3">写出或画出你希望智能城市系统如何更好地为人们服务?</td></tr>
<tr><td>自评项</td><td>自评细则</td><td>自评结果</td></tr>
<tr><td rowspan="3">探索创意</td><td>积极展开想象力</td><td></td></tr>
<tr><td>想出节能路灯的用法并实现</td><td></td></tr>
<tr><td>搭建不同的模型</td><td></td></tr>
<tr><td>结束整理</td><td>将配件拆卸整理，并放回原位</td><td></td></tr>
<tr><td colspan="3">综合评价:</td></tr>
</table>

第 10 单元　光敏汽车搭建

自评项	自评细则	自评结果
背景导入	认真了解背景知识	
	积极提出疑问	
	主动了解更多相关知识	
实验过程	准备所需配件	
	完成模型搭建	
	正确连接元器件	
	整理配件，并放回原位	
你在搭建过程中有没有遇到什么困难？有什么体会？		
综合评价：		

第 11 单元　光敏汽车编程

用自己的语言写出或画出程序流程:

（续）

自评项	自评细则	自评结果
实验过程	程序编写正确无误	
	正确下载程序到主板中	
	程序正常运行	
	整理配件，并放回原位	
探索创意	改造模型，改写程序，增加转向灯	
	设计实验验证光敏传感器是否可以确定亮度值	
	改造模型，改写程序，控制汽车速度	
合作交流	向同学演示你的创意模型	

为了增加转向灯，需要增加什么部件？

简单说说你如何验证：程序是否可以读取光敏传感器亮度值？

综合评价：

第 12 单元　光敏汽车创意

<table>
<tr><td colspan="3">写出或画出你对智能交通有什么创意的想法?</td></tr>
<tr><td colspan="3">写出或画出光敏汽车如何设计才更符合智能交通的要求，怎样实现?</td></tr>
<tr><td>自评项</td><td>自评细则</td><td>自评结果</td></tr>
<tr><td rowspan="3">探索创意</td><td>积极展开想象力</td><td></td></tr>
<tr><td>想出光敏汽车的用法并实现</td><td></td></tr>
<tr><td>搭建不同的模型</td><td></td></tr>
<tr><td>结束整理</td><td>将配件拆卸整理，并放回原位</td><td></td></tr>
<tr><td colspan="3">综合评价:</td></tr>
</table>

第 13 单元　可调节风扇搭建

自评项	自评细则	自评结果
背景导入	认真了解背景知识	
	积极提出疑问	
	主动了解更多相关知识	
实验过程	准备所需配件	
	完成模型搭建	
	正确连接元器件	
	整理配件，并放回原位	
你在搭建过程中有没有遇到什么困难？有什么体会？		
综合评价：		

第 14 单元　可调节风扇编程

用自己的语言写出或画出程序流程:

（续）

自评项	自评细则	自评结果
实验过程	程序编写正确无误	
	正确下载程序到主板中	
	程序正常运行	
	整理配件，并放回原位	
探索创意	增加光敏传感器以控制风扇起停	
	改写程序实现效果	
合作交流	和同学们分工合作，并一起观察结果	

这个风扇的风够大吗？可以做些什么来加大风量呢？动手试一试。

综合评价：

第 15 单元　可调节风扇创意

<table>
<tr><td colspan="3">写出或画出改进第 13 单元制作的风扇的创意，让风扇的功率更强大？</td></tr>
<tr><td colspan="3">写出或画出你希望利用可变电阻设计的作品：</td></tr>
<tr><td>自评项</td><td>自评细则</td><td>自评结果</td></tr>
<tr><td rowspan="3">探索创意</td><td>积极展开想象力</td><td></td></tr>
<tr><td>想出可变电阻的用法并实现</td><td></td></tr>
<tr><td>搭建不同的模型</td><td></td></tr>
<tr><td>结束整理</td><td>将配件拆卸整理，并放回原位</td><td></td></tr>
<tr><td colspan="3">综合评价：</td></tr>
</table>

Scratch 编程主板及组件说明

Scratch编程主板说明

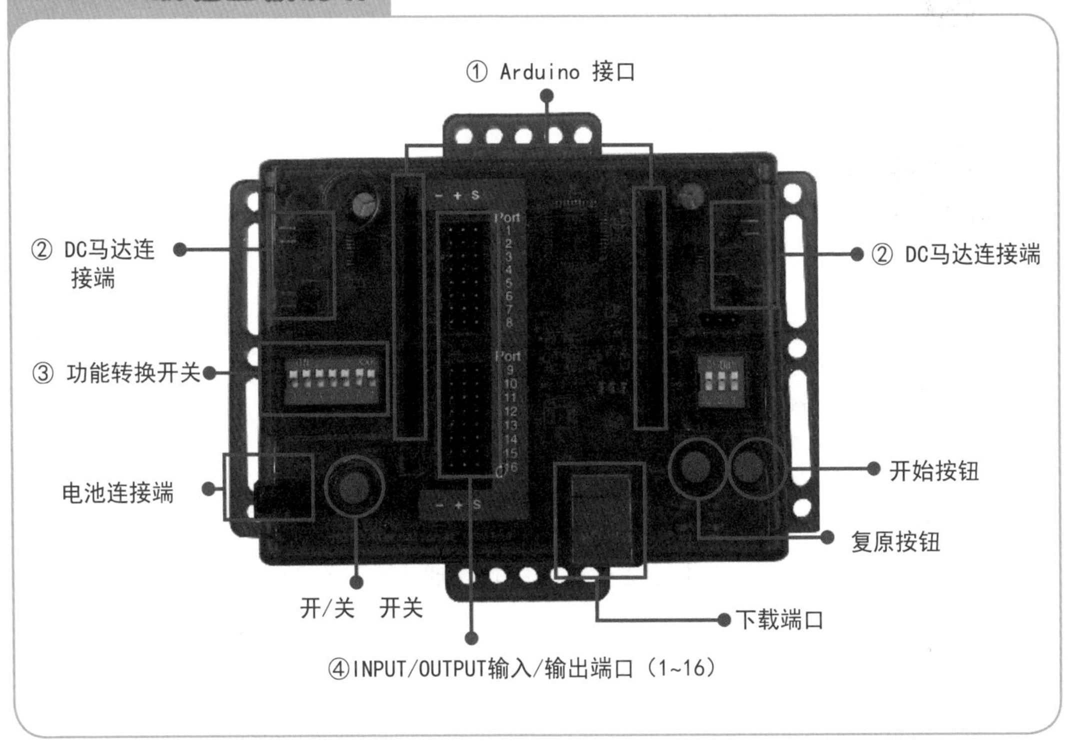

① Arduino 接口：装上传感器和扩展板，可以扩展出其他更多功能。

② DC 马达连接端：连接 DC 马达（功能转换开关，1~4 拉下时不能使用）。

③ 功能转换开关：转换使用 MRT5 板和 Arduino 端口功能。

- 全部开关都推上去可以使用 MRT5 的端口和功能。
- 全部开关都拉下可以使用 Arduino Leonardo 功能。
- 1~4 号开关：推上去可以使用 DC 马达连接端，拉下来使用 Arduino。
- 5 号开关：推上去时可以使用遥控器，拉下时不可以使用。
- 6 号开关：设置遥控器 ID 开关，推上去时可以设置，拉下时不可以设置。
- 7 号开关：推上去时可以使用开始键，拉下时不能使用。

④ INPUT/OUTPUT 输入 / 输出端口（1~16）：

- 功能转换开关 1~4 推上去时，可以使用 PORT1~12。
- 功能转换开关 1~4 拉下来时，可以使用 PORT1~16。
- PORT 1~8 为输入端口。
- PORT 9~16 为输出端口。

理解光敏传感器和LED

光敏传感器：也叫模拟环境光线传感器，是利用暗时拥有高的电阻值，亮时拥有低的电阻值的原理的传感器。

LED 灯：发光二极管，数码输出表现为 ON 和 OFF，或看逻辑 0 和 1。

理解DC马达和伺服马达

DC马达：作为输出组件中的一个，拥有两个连接线 VCC(+) 和 GND(-)，根据方向连接正旋转和反旋转的马达。

伺服马达：作为输出组件中的一个，拥有三个连接线 VCC（+）、GND(-)、Signal（信号），被限制旋转范围的标准伺服马达，可以在 0~180 度范围内旋转。

编程软件安装

一、编程软件的安装

① 下载编程软件的安装包

扫描右边二维码，关注后选择“教育服务 / 软件安装 / 韩端 K12 软件资料”下载编程软件的安装包：

MRT Scratch-1.0.81-Setup.exe.exe。

② 安装软件

（1）双击开始安装（图 0-1）。

（2）选择安装位置等选项（图 0-2）。

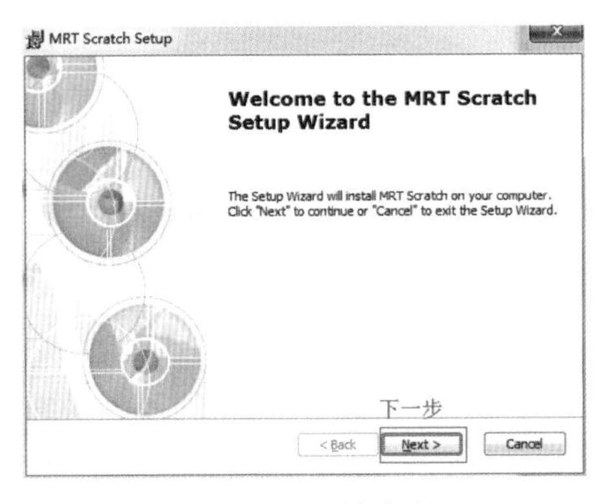

图 0-1　开始安装

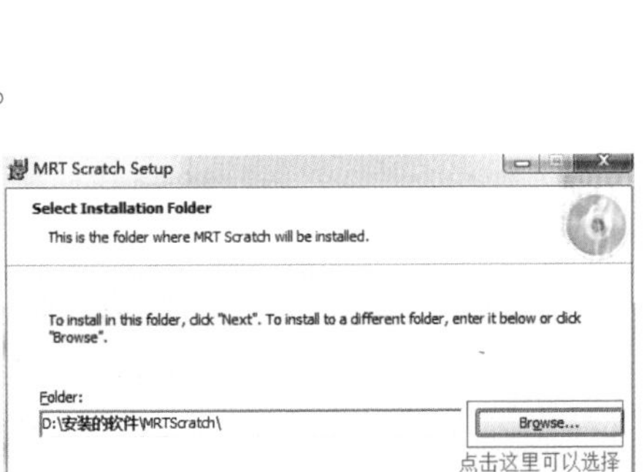

图 0-2　选择安装位置

（3）确认安装（图 0-3）。

（4）等待安装（图 0-4）。

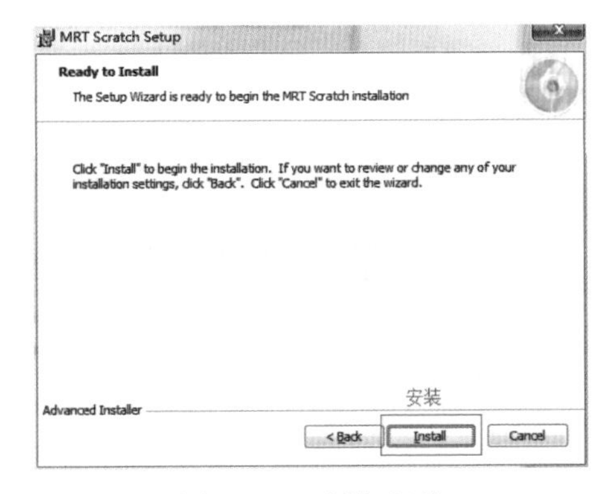

图 0-3　确认安装

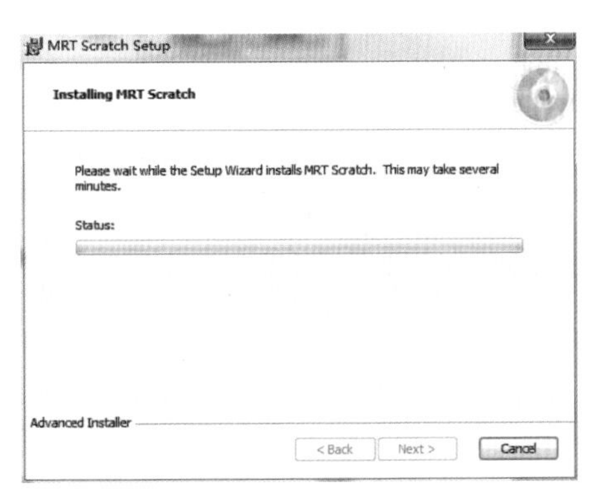

图 0-4　等待安装

（5）安装完成（图 0–5）。

（6）安装后，在桌面上出现如图 0–6 所示的图标。

图 0–5　安装完成

图 0–6　软件图标

（7）双击图标进入软件主界面（图 0–7）。

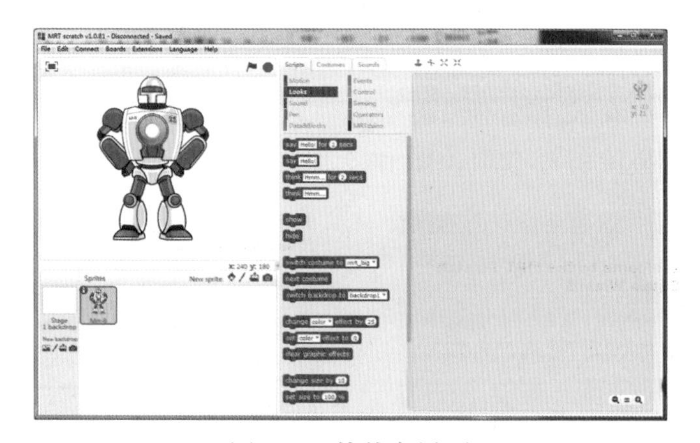

图 0–7　软件主界面

（8）在打开的界面中，选择“Language”→“简体中文”，将软件界面语言转换成简体中文（图 0–8）。

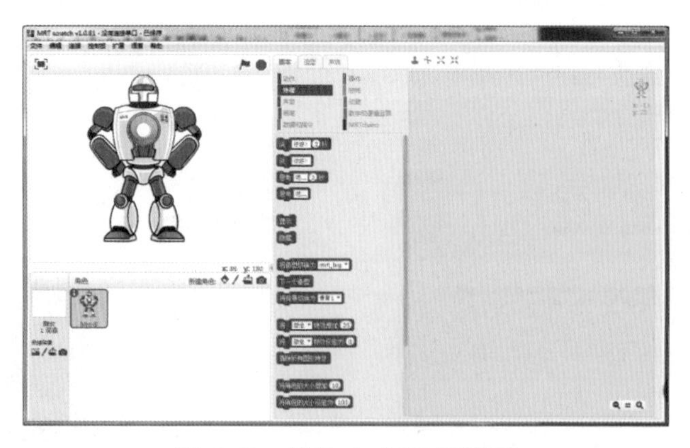

图 0–8　简体中文语言界面

二、编写/执行程序

① 编写程序

在软件 MRT scratch 中的脚本下选择“MRTduino”(图 0-9)，然后将“MRTduino”下面的代码块拖到右侧进行程序的编写(图 0-10)，实现绿灯亮灯 5 秒钟后自动关闭。

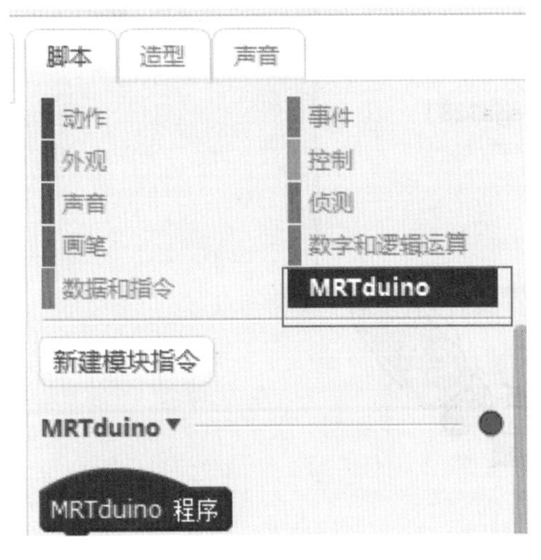

图 0-9　选择脚本

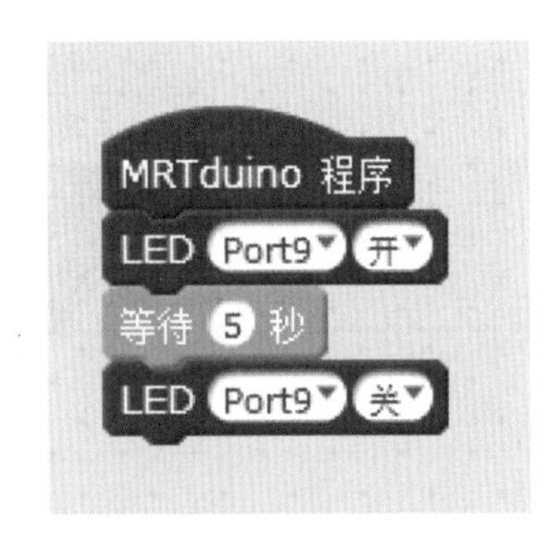

图 0-10　程序编写

② 连接元器件

(1)将 LED(G)连接在主板上的 9 号端口，同时接上 6V 电池夹(图 0-11)。

(2)将 USB- 串口转换线的 USB 口接上计算机(图 0-12)，同时另一端接上主板(注意接口方向，不要硬插)。此时，主板电源关闭，但是电源灯会亮起。

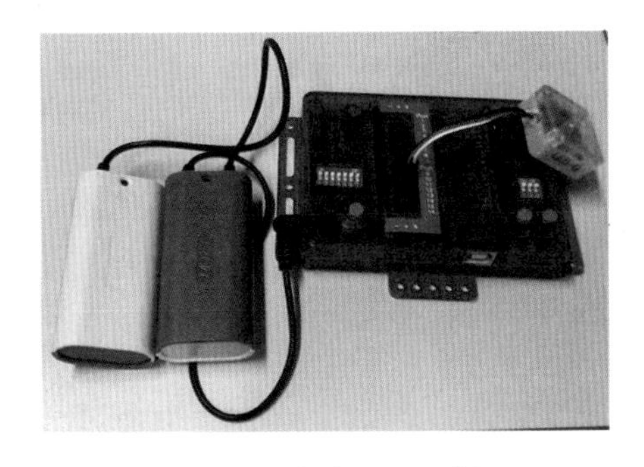

图 0-11　连上 LED 灯

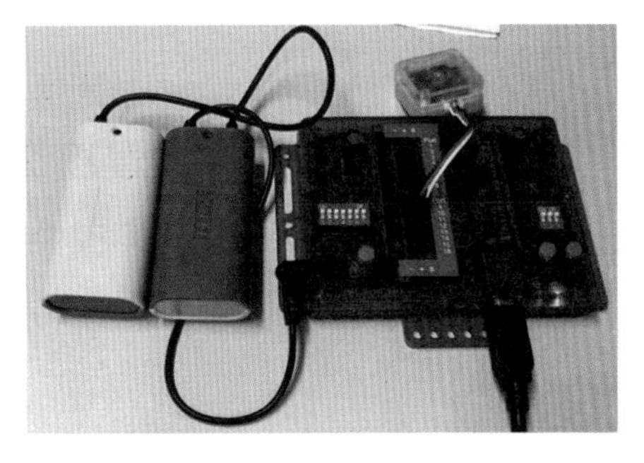

图 0-12　连接 USB 线

3 下载程序

（1）选择“控制板”菜单下的“MRTduino”（图 0-13）。

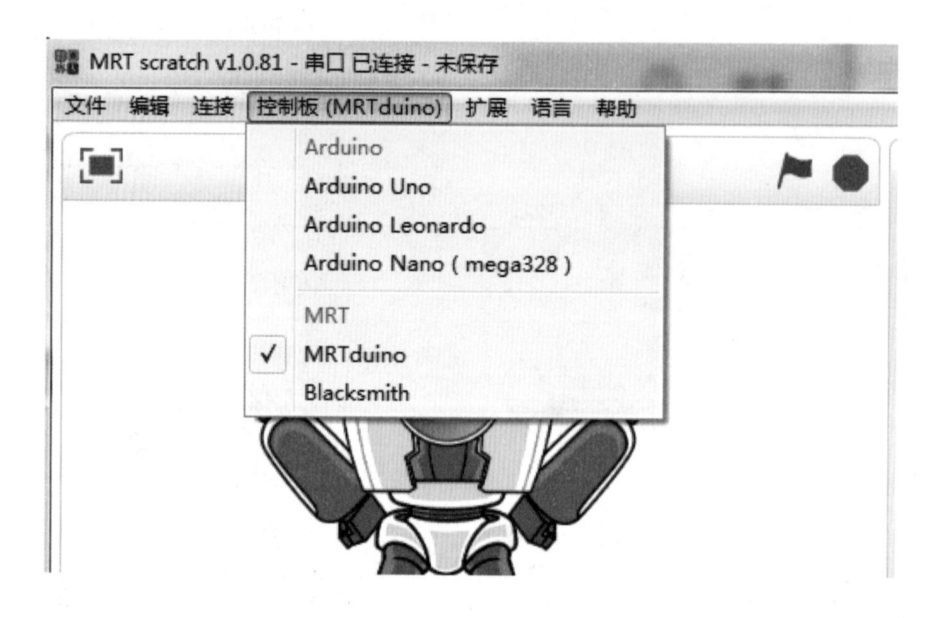

图 0-13　选择控制板

（2）在“连接”菜单下选择好和主板对应的串口（图 0-14），如果连接成功，中间脚本部分的红点会变成绿点（图 0-15）。

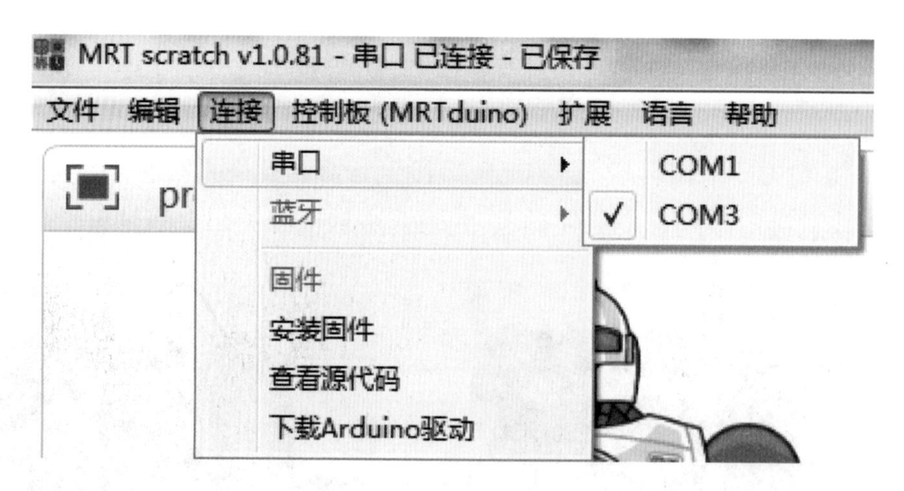

图 0-14　选择串口

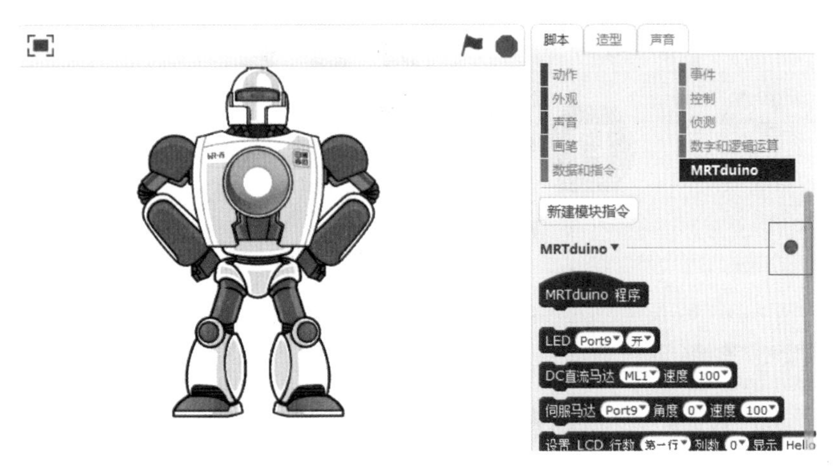

图 0–15　观察红点变成绿点

（3）在代码“MRTduino”块上点击右键，选择“上传到 Arduino 程序”，等待显示“上传完成”即可关闭，如图 0–16~ 图 0–18 所示。

图 0–16　点击右键

返回　上传到Arduino　用 Arduino IDE 编辑

```
01
02  #include <MrtDuino.h>
03
04  char readValue=0;
05  MrtDigitalOutput  led9(9);
06
07
08
09  void setup(){
10     Serial.begin(115200);
11     led9.runSensor(1);
12     delay(1000*5);
13     led9.runSensor(0);
14
15  }
16
17  void loop(){
18
19
20     if(Serial.available()){
21        readValue=Serial.read();
22     }
23
24
25  }
```

图 0–17　上传到 Arduino

图 0–18　上传过程

目录

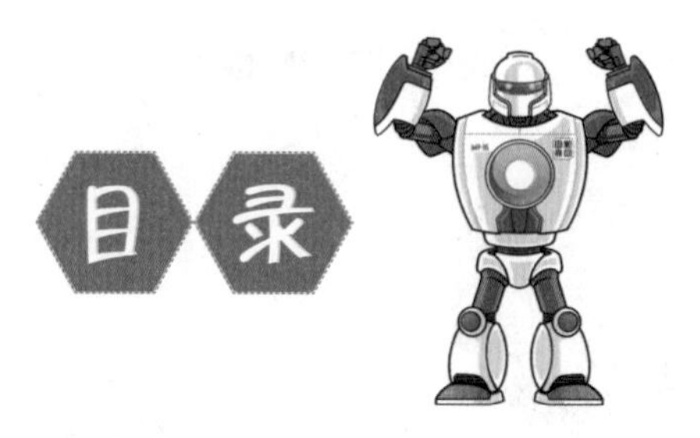

第1单元 信号灯搭建

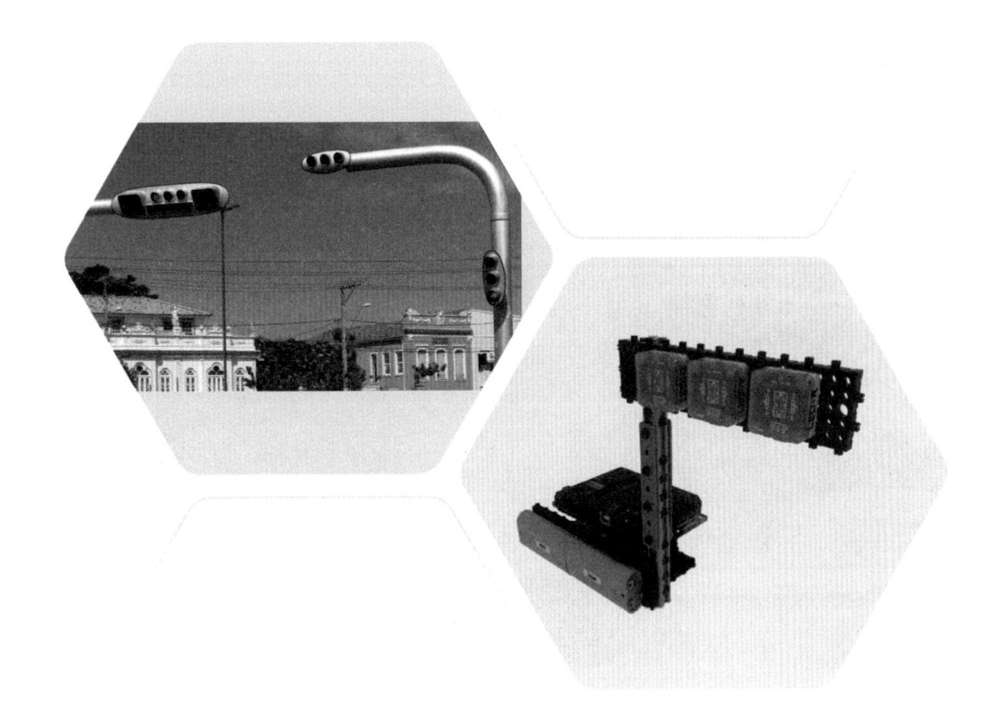

学习目标

◎ 了解基本的交通规则。

◎ 能够搭建信号灯模型。

◎ 正确连接主板和元器件。

看一看

在十字路口，一般四个方向都悬挂着红、黄、绿三色交通信号灯（图 1-1），它是不出声的“交通警察”。红绿灯是国际统一的交通信号灯，红灯是停止信号，绿灯是通行信号。几个方向来的车汇集在十字路口，有的要直行，有的要拐弯，到底让谁先走，这就要听从红绿灯指挥。红灯亮，禁止直行或左转弯；有的国家，如我国，在不影响行人安全的前提下，部分路口允许车辆右转弯。绿灯亮，准许车辆直行或转弯。黄灯亮，已越过停止线的车辆可以继续前行，未越过停止线的则禁止继续通行。黄灯闪烁时，警告车辆注意安全。

图 1-1　信号灯

人行横道线上的信号灯则是对行人起作用，红灯停，绿灯行。在过马路时，一定要走人行横道线，遵守交通规则，确保自身的安全。

动手实现

① 本单元创意拼装目标：信号灯（图 1-2）。

图 1-2 信号灯模型

② 准备材料

按照表 1-1 所示的配件清单准备拼装材料，做好搭建准备。

表 1-1 配件清单

品名	图示	数量	品名	图示	数量
模块 1117		1 块	LED（G）		1 个
模块 511		1 块	LED（Y）		1 个
模块 523		2 块	LED（R）		1 个
AL 框架 17		2 块	6V 电池夹		1 个
柱子模块 45		3 块	主板		1 个
长螺钉	20mm	8 个			
螺母		8 个			

③ 动手搭一搭（图 1-3）

1

2

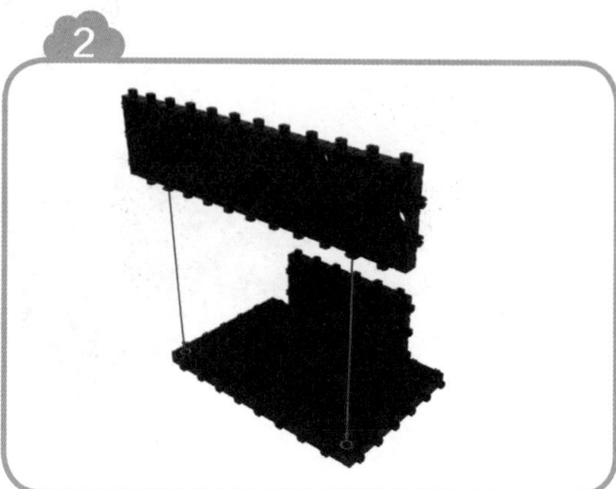

3

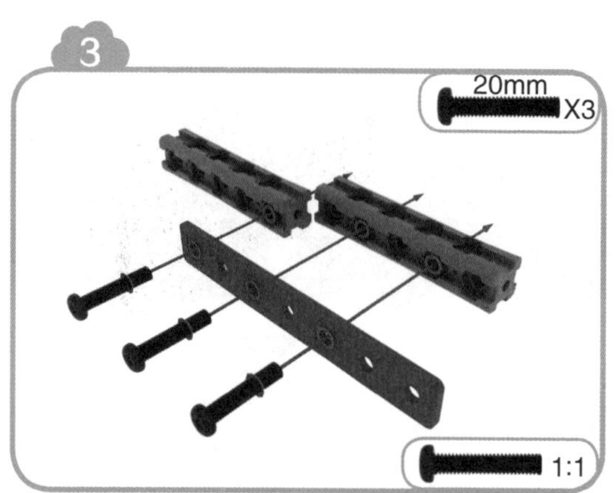

4

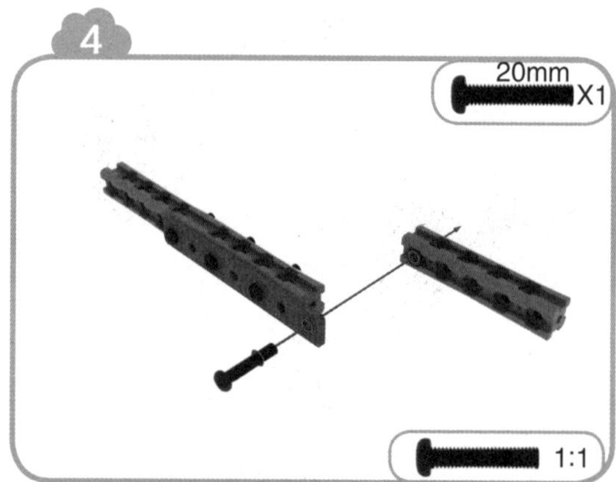

5

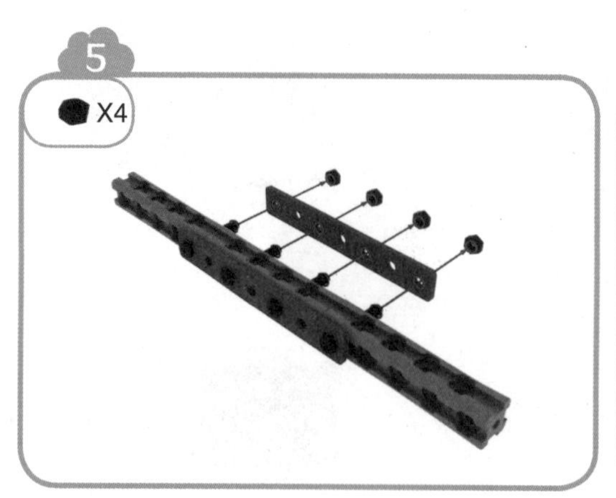

6

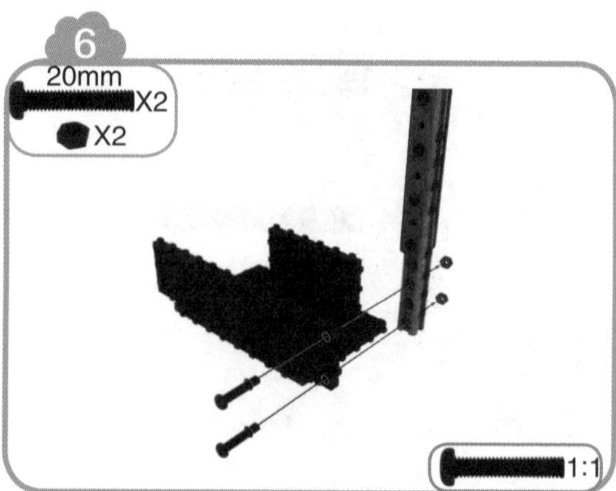

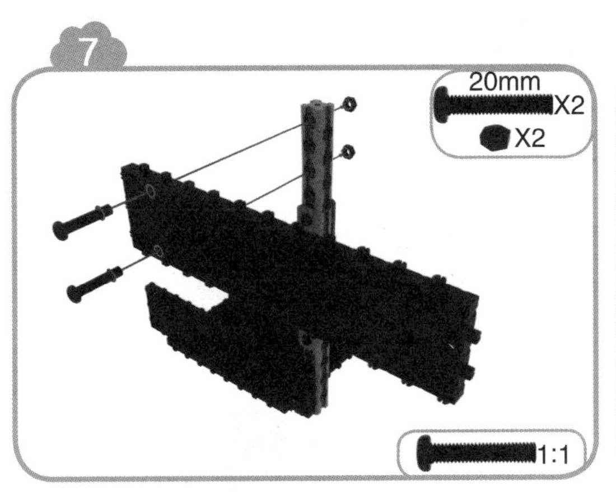

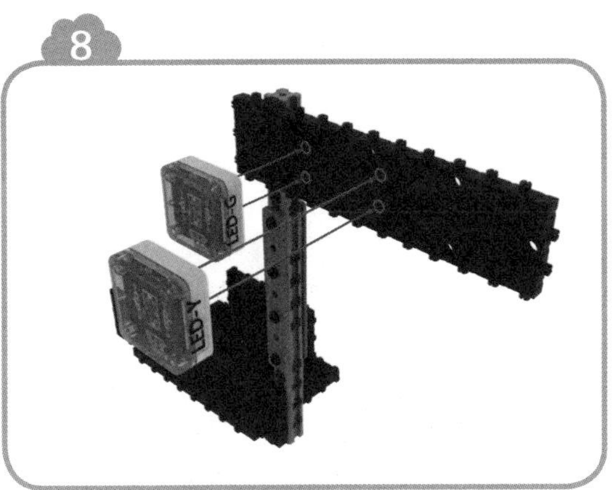

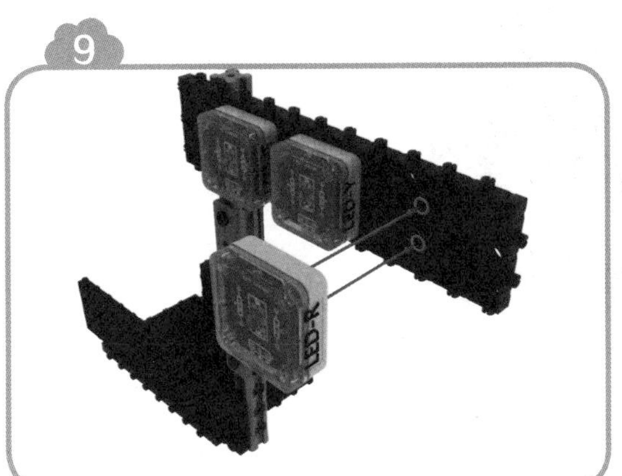

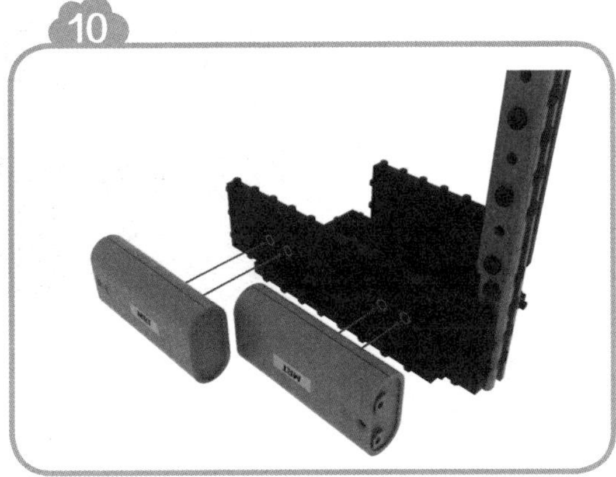

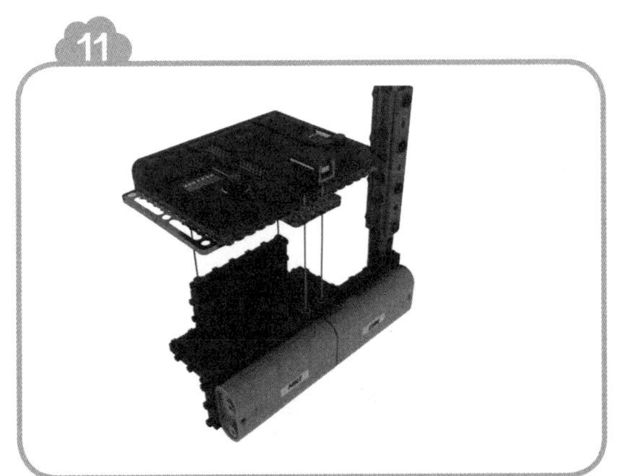

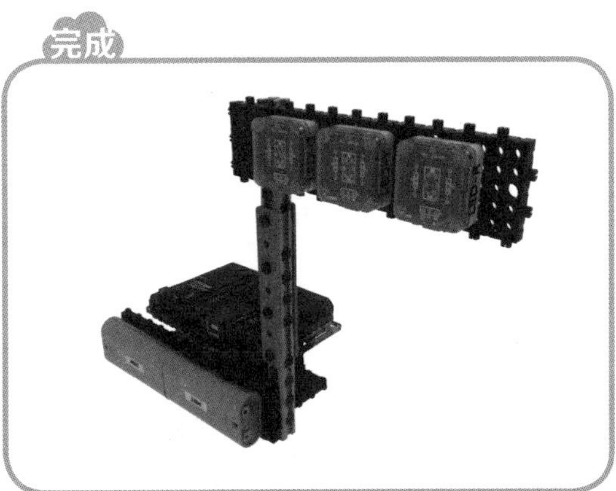

图 1–3　拼装步骤

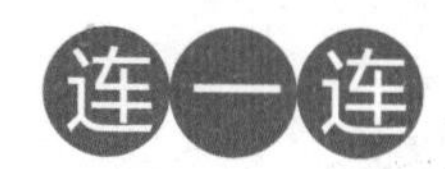

如图 1-4 所示，进行主板和组件连接。

（1）将 USB 线连接计算机和主板。

（2）将 LED（G）、LED（Y）、LED（R）分别连接到 PORT9、PORT10、PORT11。

（3）在上传程序后再连接 6V 电池夹。

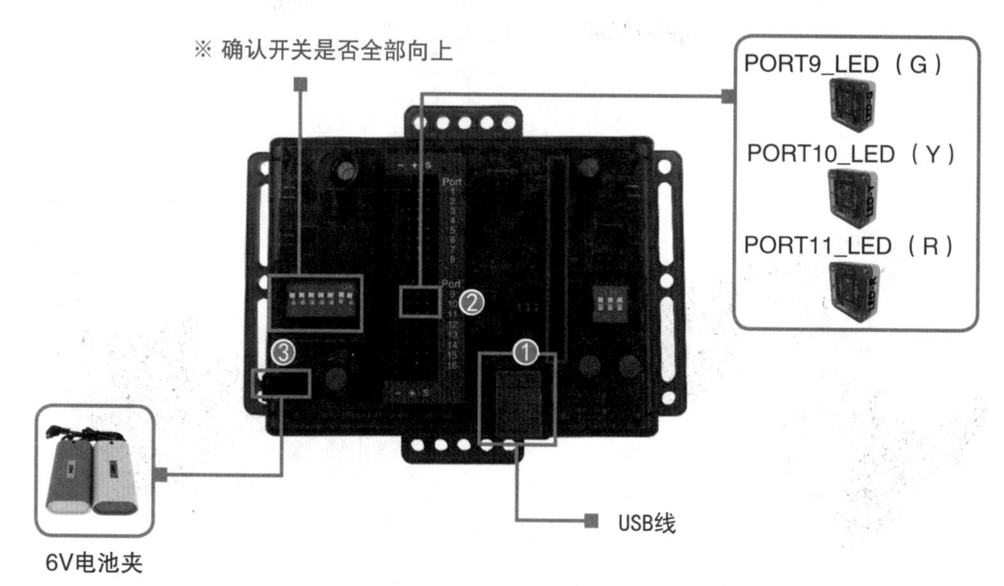

图 1-4　主板和组件连接配置图

（1）请将作品拍照、保存。

（2）请将 6V 电池夹关闭并拆下。

（3）请将电子元器件拆下。

（4）请将模型拆除。

（5）请将所有配件放回原位。

（6）对照表 1-1 所示配件清单清点配件。

第 2 单元

学习目标

◎ 能够总结信号灯的亮灯规则。

◎ 能够绘制顺序结构的流程图。

◎ 初步掌握 MRT Scratch 的编程方式。

逻辑解读

如果仔细观察，我们不难发现信号灯亮灯的规律：绿灯亮起，经过若干秒后，进入闪烁状态，以提醒路人和行驶中的车辆停下来；黄灯亮起，几秒之后，黄灯熄灭；红灯亮起，若干秒后熄灭。接下来我们便通过编程来实现信号灯的功能。程序流程如图 2-1 所示。

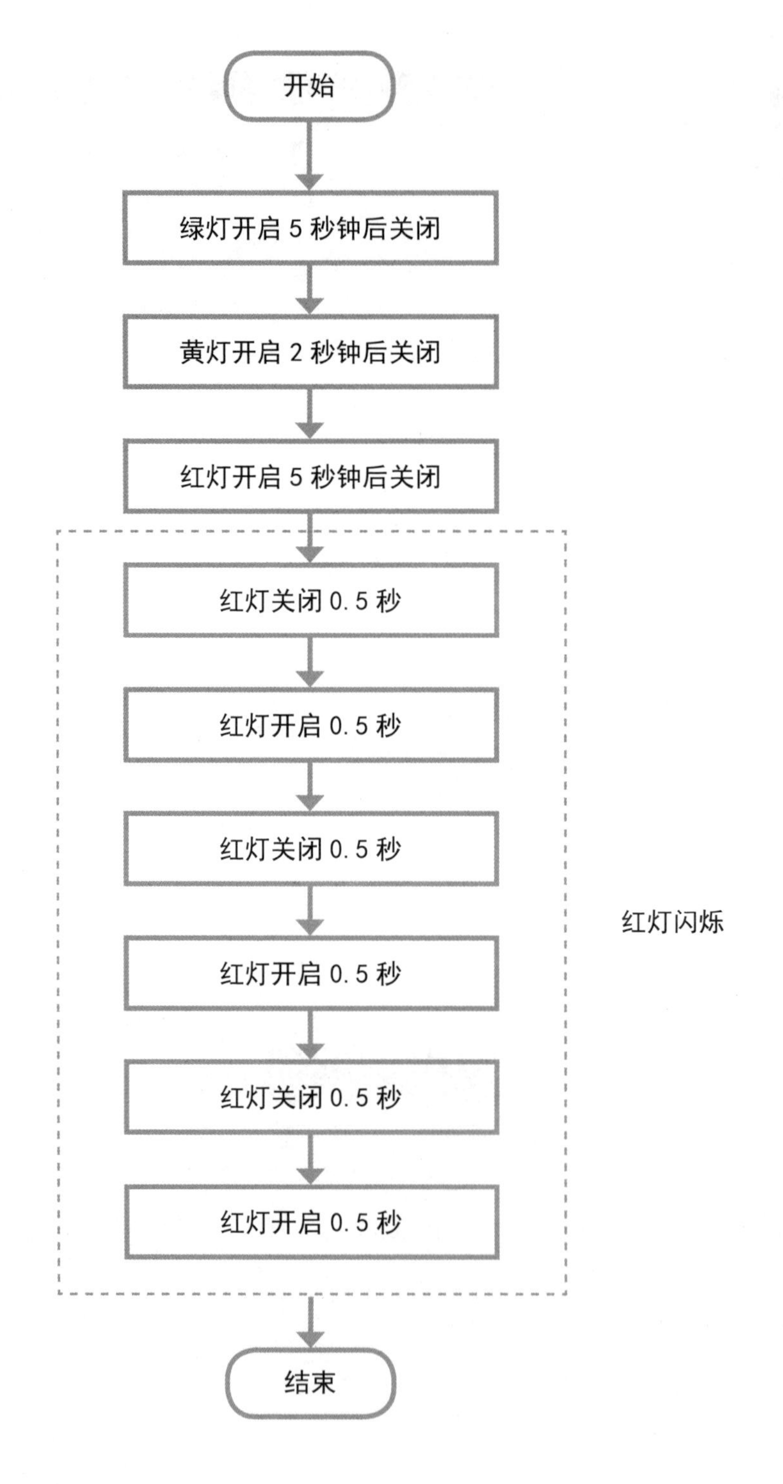
开始
绿灯开启 5 秒钟后关闭
黄灯开启 2 秒钟后关闭
红灯开启 5 秒钟后关闭
红灯关闭 0.5 秒
红灯开启 0.5 秒
红灯关闭 0.5 秒
红灯开启 0.5 秒
红灯关闭 0.5 秒
红灯开启 0.5 秒
红灯闪烁
结束

图 2-1　程序流程图

程序解读

（1）绿灯亮灯 5 秒，那么黄灯和红灯是关闭的（图 2-2）。

图 2-2　绿灯亮灯 5 秒

（2）红灯闪烁 3 次（图 2-3）。

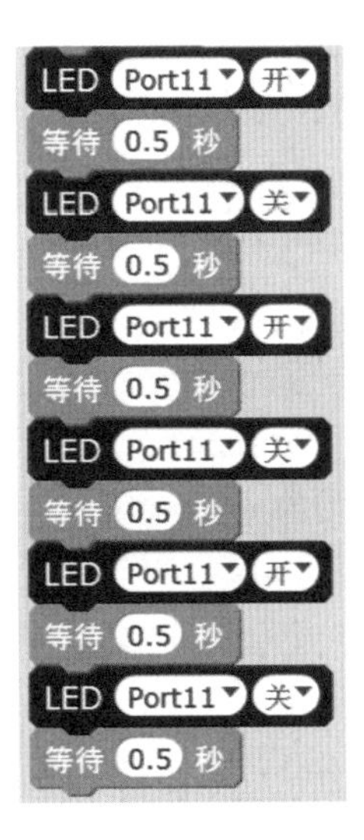

图 2-3　红灯闪烁 3 次

② 程序编写（图 2-4）

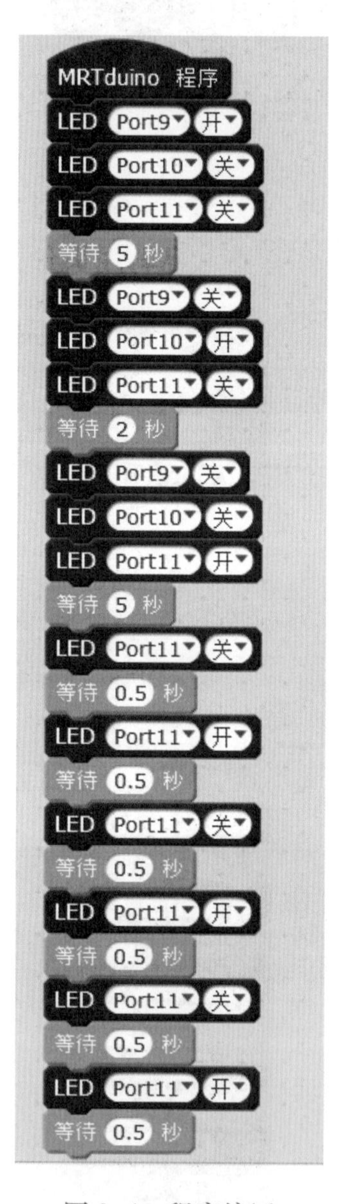

图 2-4　程序编写

③ 操控机器人

（1）将编写好的程序下载到主板中。

（2）打开电源，信号灯开始执行程序。

（1）所编写的程序有没有可以优化的部分呢？请同学们试一试，打开“控制”部分代码块，进行优化，让程序更简短一些。

（2）能不能将程序改写成“绿灯快要熄灭时，闪烁几下”呢？

（3）观察上学途中的一处信号灯路口的信号灯交替时间，填写表 2-1，并尝试在程序中实现它。

表 2-1 信号灯交替时间记录

灯号	行为	时间
绿灯	亮	
绿灯	闪烁	
绿灯	熄	
黄灯	亮	
黄灯	熄	
红灯	亮	
红灯	熄	

（4）和同学们一起，搭建一个十字路口完整的四个方向的信号灯。

（1）请将作品拍照、保存。

（2）请将 6V 电池夹关闭并拆下。

（3）请将电子元器件拆下。

（4）请将模型拆除。

（5）请将所有配件放回原位。

（6）对照表 1-1 所示配件清单清点配件。

第3单元 信号灯创意

学习目标

◎ 了解更多信号灯的设计。

◎ 能够根据现有的元器件知识，优化改装模型。

大开眼界

交通信号灯的存在使车辆和行人在道路上能有序通行，避免路口行人和车辆的拥堵。红灯停、绿灯行是最基本的交通规则，信号灯作为全球通用的交通信号，已经是深入人心，除了盲人，红绿信号的识别已成为绝大部分人意识深处的本能。

为了让交通信号灯能够更好地服务行人和车辆司机，让交通运行更加有序。设计师们对交通信号灯进行创意设计（图 3-1），通过更加人性化和模块化的设计，让司机和行人能够快速地识别信号灯的变化。

a)

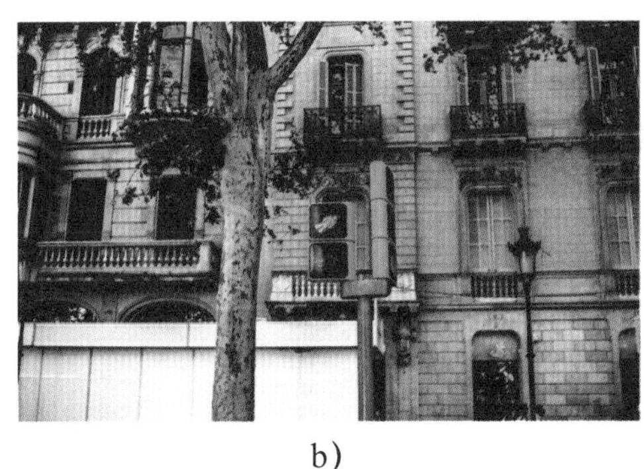

b)

c)

图 3-1　不一样的信号灯

例如，在繁忙的十字路口，经常会遇到由于一些大型货车和客车停车不及时，挡住信号灯的情况，导致行人看不到信号灯，行人只能根据车流行驶情况判断是否过马路，极易误判发生危险，因此，有设计师采用投影技术设计了一款信号灯，当有汽车挡住信号灯时，它会在汽车的车体上清楚地映出信号灯的信息，行人就可以根据信号灯过马路了。

又比如，有一类人群——色盲人群，他们无法正确辨别信号灯的颜色，但是可以识别不同的形状，于是设计师们基于这个情况设计出可以照顾到色盲人群的新版信号灯，红灯被设计成具有警示意义的三角形，绿灯设计成平和的四边形，黄灯仍保留原本的圆形。

（1）你对信号灯有什么创意的想法呢？你想让信号灯怎么样为人们服务？

（2）在第 1 单元中，我们搭建了一个信号灯，你想怎么改进它的外观和程序，让它的功能更强大？

（1）请将作品拍照、保存。

（2）请将 6V 电池夹关闭并拆下。

（3）请将电子元器件拆下。

（4）请将模型拆除。

（5）请将所有配件放回原位。

（6）对照表 1-1 所示配件清单清点配件。

第 4 单元 小汽车搭建

学习目标

◎ 了解我国的汽车制造历史。

◎ 能够搭建小汽车模型。

◎ 能够正确连接元器件。

看一看

1949 年，中华人民共和国成立后，在苏联的援助下，中华人民共和国政府开始建立自己的汽车产业。1953 年在吉林长春开工建设的中国第一汽车制造厂，就是从前苏联引进的 156 项重点工程之一。1956 年，第一辆解放牌汽车完成组装，实现量产。1958 年，成功研制东风和红旗轿车。中国第一汽车制造厂也因此被视为中国汽车工业的“老大哥”。如图 4-1 所示为东风牌汽车。

图 4-1　东风牌汽车

动手实现

① 本单元创意拼装目标：小汽车（图 4-2）。

图 4-2　小汽车模型

② 准备材料

按照表 4-1 所示的配件清单准备拼装材料，做好搭建准备。

表 4-1　配件清单

品名	图示	数量	品名	图示	数量
模块 1117		2 块	中齿轮		1 个
模块 511		1 块	小轮子		2 个
31mm 钢轴		1 个	固定护帽		2 个
AL 框架 15		2 块	小护帽		2 个
柱子模块 23		1 块	蓝护帽		4 个
中螺钉	16mm	2 个	DC 马达		2 个
长螺钉	20mm	4 个	6V 电池夹		1 块
短螺钉	8mm	2 个	主板		1 个
螺母		8 个			
90 度支架		1 个			

③ 动手搭一搭（图 4-3）

1

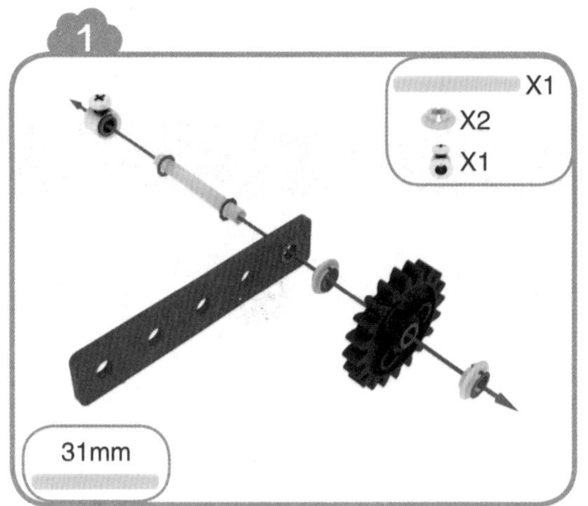

2

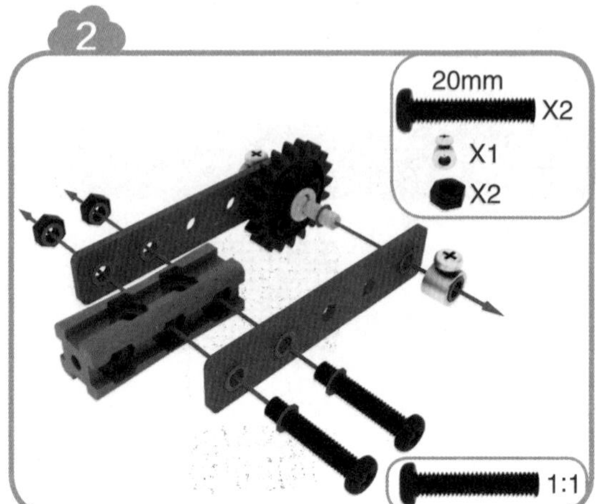

3

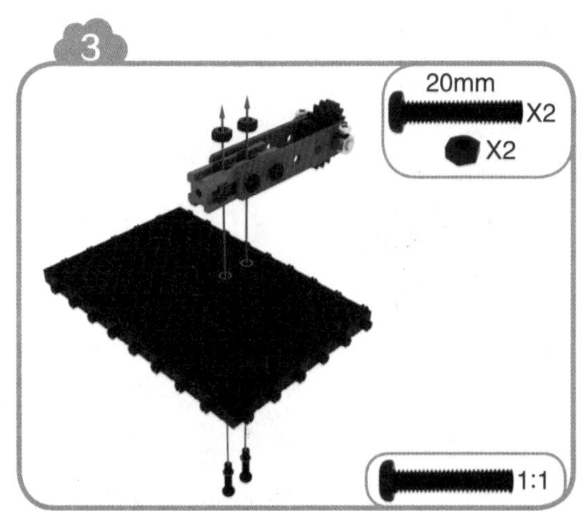

4

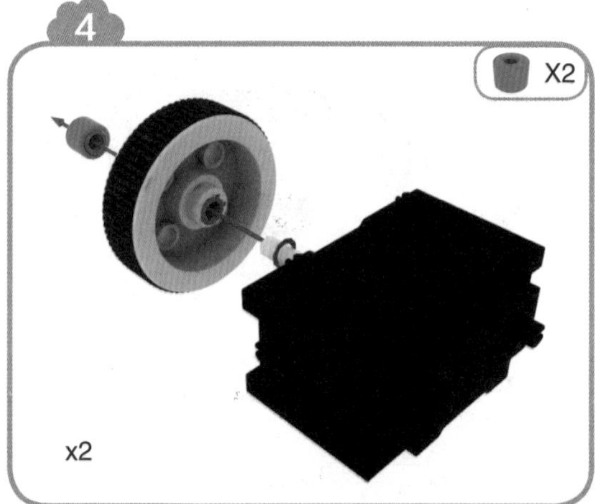

5

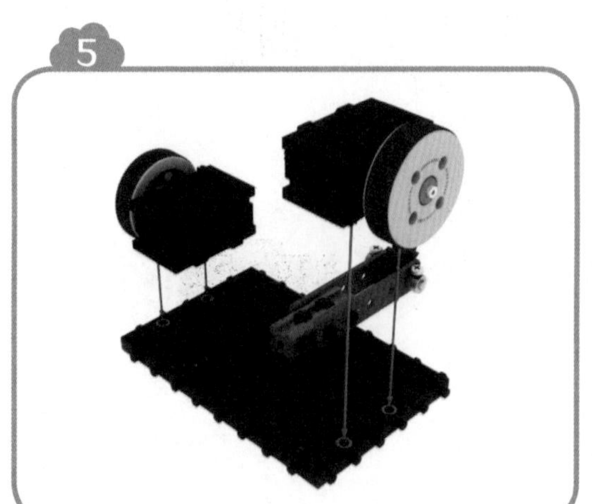

6

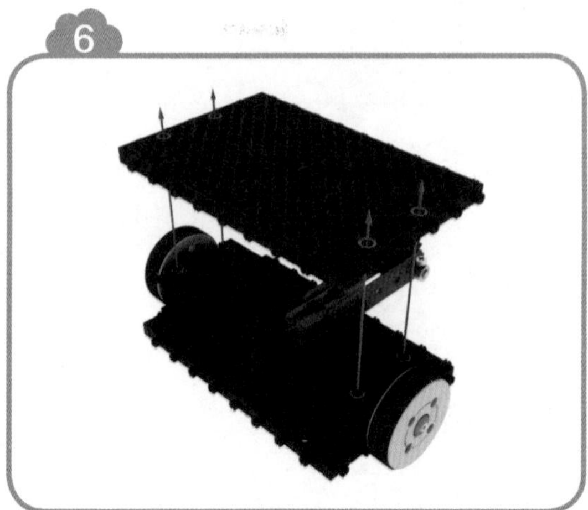

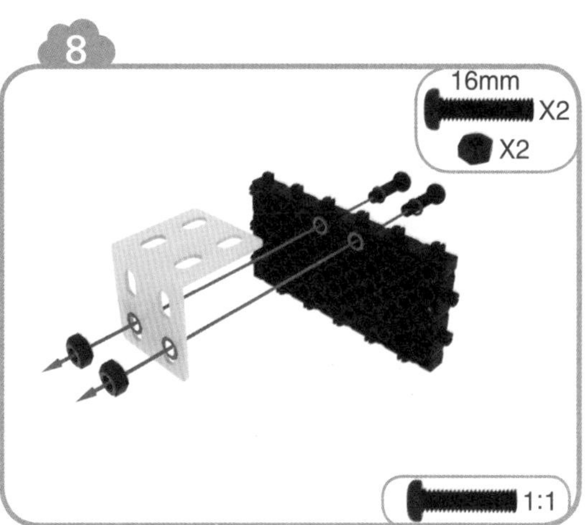

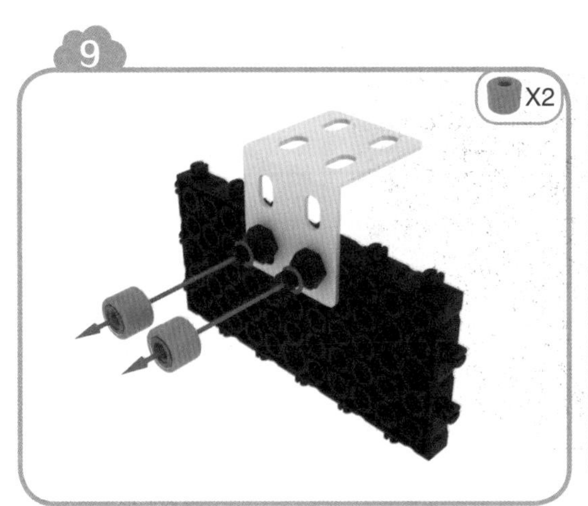

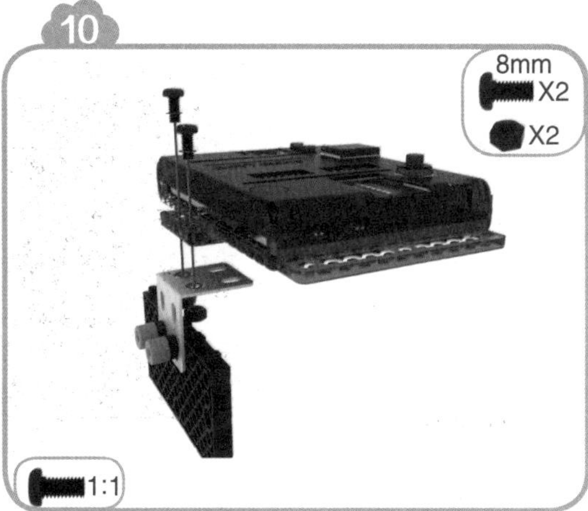

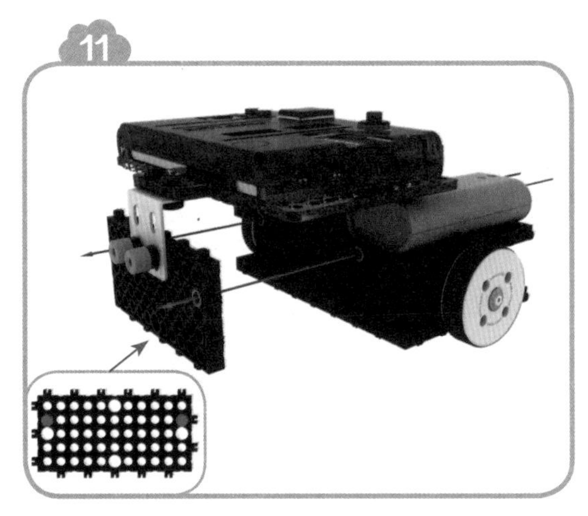

图 4-3　拼装步骤

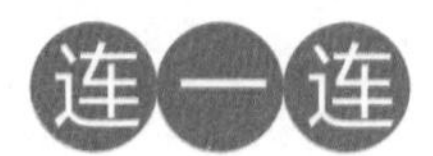

主板和组件连接如图 4-4 所示。

（1）将 USB 线连接计算机和主板。

（2）将左 DC 马达连接到 ML1 PORT。

（3）将右 DC 马达连接到 MR1 PORT。

（4）在上传程序后再连接 6V 电池夹。

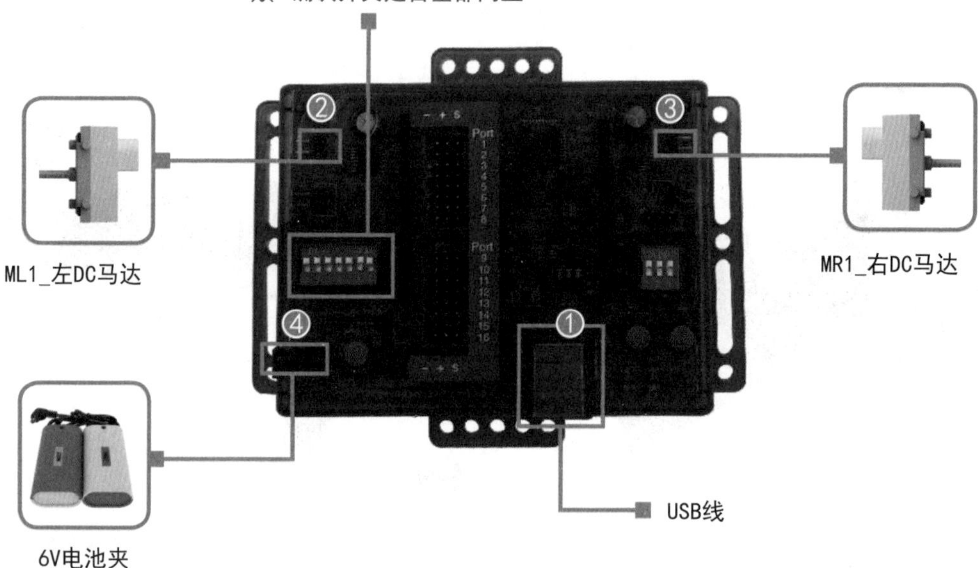

图 4-4　主板和组件连接配置图

（1）请将作品拍照、保存。

（2）请将 6V 电池夹关闭并拆下。

（3）请将电子元器件拆下。

（4）请将模型拆除。

（5）请将所有配件放回原位。

（6）对照表 4-1 所示配件清单清点配件。

第5单元 小汽车编程

学习目标

◎ 理解程序流程。

◎ 掌握编程中 DC 马达的使用。

◎ 能够用程序控制小汽车前进、后退、左转、右转等。

逻辑解读

在硬件外观搭建完成后，我们将通过计算机程序让小汽车按如下顺序行驶：原地停止 1 秒钟后，向前行驶 2 秒钟，接着向左旋转 1.5 秒钟，再后退 1 秒钟，最后停止行驶。这个过程的程序流程如图 5-1 所示。

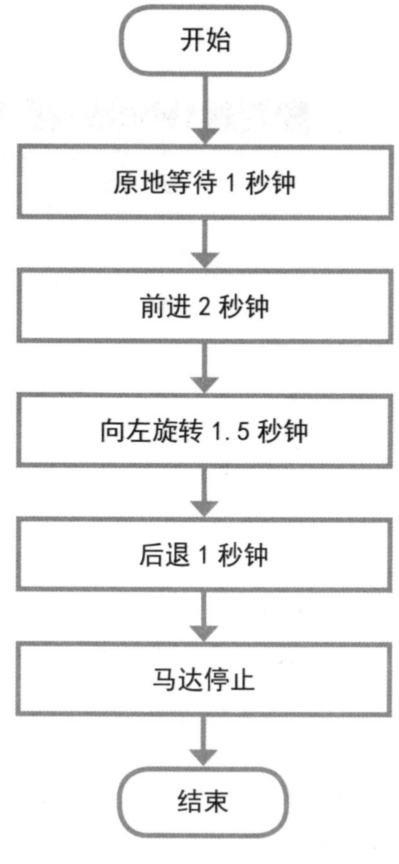

图 5-1　程序流程图

① 程序解读

（1）原地等待 1 秒，此时 DC 马达处于停止状态（图 5-2）。

（2）前进 2 秒（图 5-3）。（请利用这个原理,尝试让你的小汽车前进 1 秒）

图 5-2　原地等待 1 秒

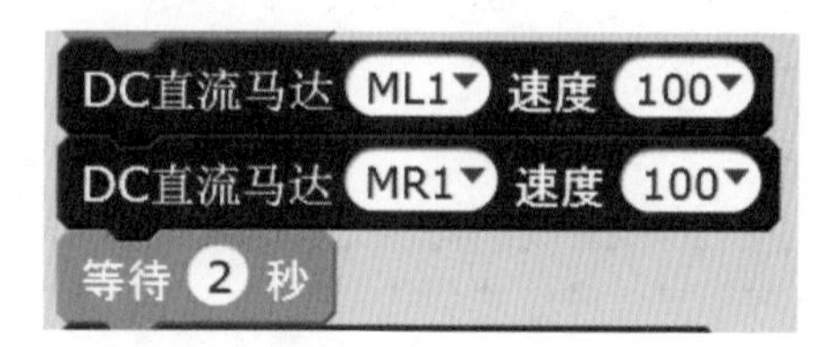

图 5-3　前进 2 秒

尝试调整为左、右 DC 马达转速均为 -100，观察小汽车轮子的转向，确认在本例中，应该使用速度为 100 还是 -100。

（3）向左旋转 1.5 秒（图 5-4）。（请利用这个原理，思考如何让小车向右旋转）

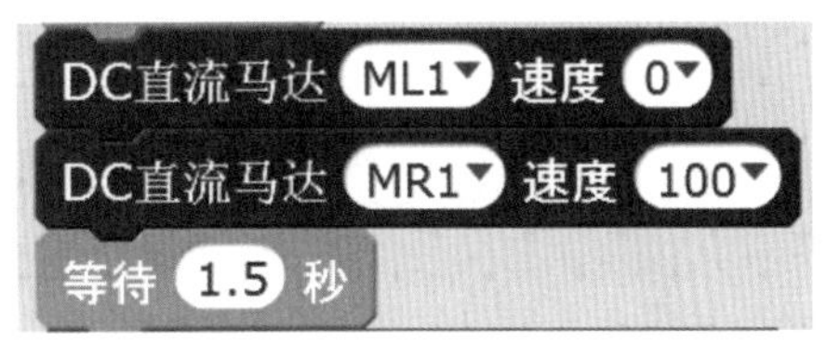

图 5-4　向左旋转 1.5 秒

② 程序编写（图 5-5）

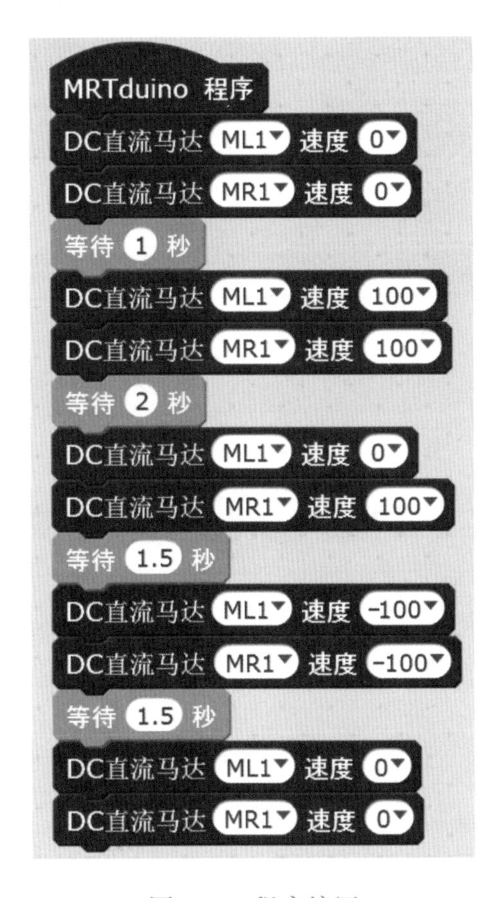

图 5-5　程序编写

③ 操控机器人

（1）将编写好的程序下载到主板中。

（2）打开电源，小汽车便开始动起来了。

想一想 说一说

（1）请同学们动手试试看，速度的正负对 DC 马达的转动有何影响？

（2）改写你的小汽车程序，让它通过如图 5-6 所示的道路。

图 5-6　道路

（3）和同学们一起，互相设计迷宫，来一场挑战赛吧。

结束整理

（1）请将作品拍照、保存。

（2）请将 6V 电池夹关闭并拆下。

（3）请将电子元器件拆下。

（4）请将模型拆除。

（5）请将所有配件放回原位。

（6）对照表 4-1 所示配件清单清点配件。

第6单元 小汽车创意

学习目标

◎ 了解概念汽车的知识。

◎ 了解现代科技的发展，培养创新意识。

◎ 能够根据小汽车实例进行创意小汽车模型的搭建。

大开眼界

同学们先来了解一下什么是概念汽车，概念汽车（图 6–1）可以理解为未来汽车，一种介于设想和现实之间的汽车。汽车设计师利用概念汽车向人们展示新颖、独特、超前的构思，反映人类对先进汽车的梦想与追求。这种车往往只是处在创意、试验阶段的样品，也许不会投产，主要用于车辆的开发研究和开发试验，可以为探索汽车的造型、采用新的结构、验证新的原理等提供实物参照。

a)

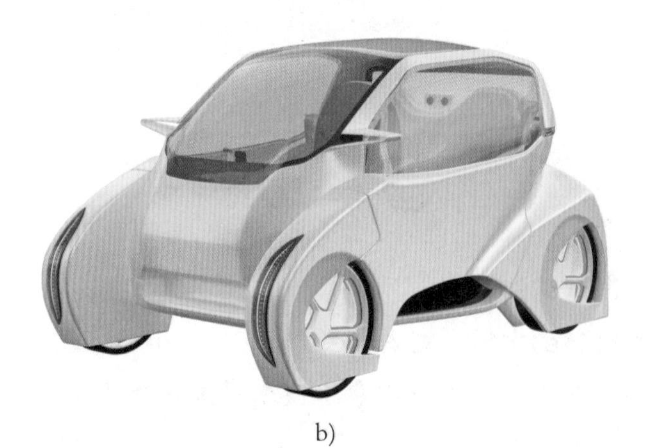

b)

图 6–1　概念汽车

概念汽车分为两种：一种是能跑的真正汽车，另一种是设计概念模型。

第一种比较接近于批量生产，其先进技术已步入试验并逐步走向实用化，一般在 5 年左右可成为公司投产的新产品。第二种汽车虽是更为超前的设计，但因环境、科研水平、成本等原因，也许永远不会成为商品，只是未来发展的研究设想。

（1）你能将第 4 单元搭建的小汽车模型改造成什么样的概念汽车？

（2）你对概念汽车有什么样的想法？想设计什么样式的概念汽车？

（1）请将作品拍照、保存。
（2）请将 6V 电池夹关闭并拆下。
（3）请将电子元器件拆下。
（4）请将模型拆除。
（5）请将所有配件放回原位。
（6）对照表 4-1 所示配件清单清点配件。

第7单元 节能路灯搭建

学习目标

◎ 回顾光敏传感器的原理。

◎ 正确认识环境保护和可再生能源的使用。

◎ 能够搭建节能路灯模型。

◎ 能够正确连接元器件。

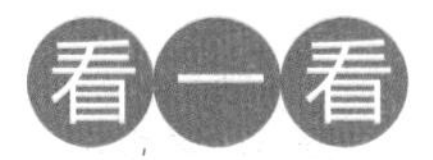

看一看

每到夜幕降临之时，一盏盏路灯（图 7–1）便化为生命的守护神，为行人和车辆照亮道路。近年来，随着“让城市亮起来”的口号提出，全国路灯数量迅猛增长。这样数量巨大的路灯同时亮起，会消耗相当多的电能，城市公共照明耗电已经占我国电力生产总量的 15%，因此，如何尽可能地节省路灯的用电量就成为各国工程师研究的内容，节能路灯便由此而生。

图 7–1　路灯

路灯可以在这几个方面节省电能：通过加装光线感应装置，使路灯可以根据外界的光线亮度，自动调整亮度；采用新的发光元件，既能增加亮度又能省电；积极发展新能源，用太阳能、风能等新型能源为路灯供电。

在本单元及下一单元的学习中，我们将利用配件和 Scratch 编程制作一款可以节能减耗的路灯。

我们先来回顾一下光敏传感器（图 7–2）的原理。它能感受到环境光度值的变化，当环境光比较充裕时，光敏传感器测量的数值会变大；当环境光强度较弱时，光敏传感器测量的数值会变小。

图 7-2　光敏传感器

动手实现

① 本单元创意拼装目标：节能路灯（图 7-3）。

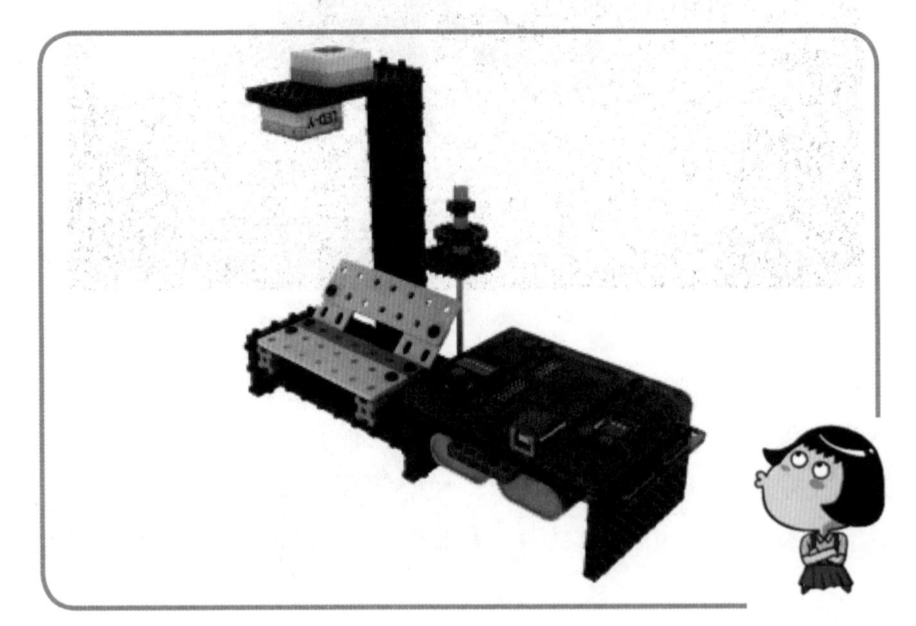

图 7-3　节能路灯模型

② 准备材料

按照表 7-1 所示的配件清单准备拼装材料，做好搭建准备。

表 7-1　配件清单

品名	图示	数量	品名	图示	数量
模块 1117		1 块	蓝护帽		6 个
模块 511		4 块	小齿轮		1 个
模块 523		1 块	中齿轮		1 个
120mm 钢轴		1 个	大齿轮		1 个
AL 框架 27		2 块	LED（Y）		1 个
AL 框架 17		1 块			
135 度支架		2 个	光敏传感器		1 个
柱子模块 23		2 块			
短螺钉	8mm	2 个	6V 电池夹		1 块
中螺钉	16mm	4 个			
长螺钉	20mm	2 个	主板		1 个
螺母		8 个			

3 动手搭一搭（图 7–4）

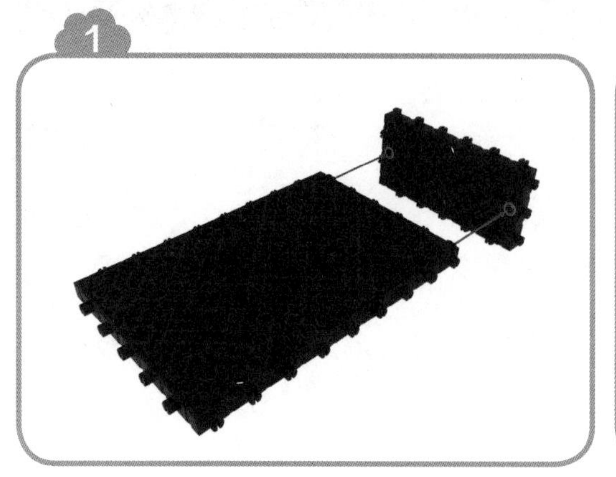
1

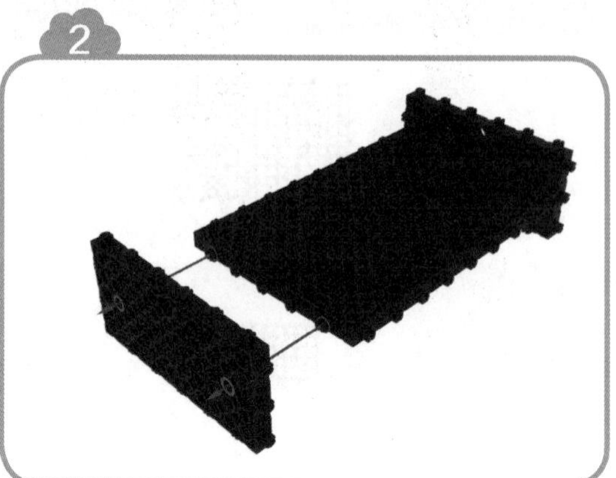
2

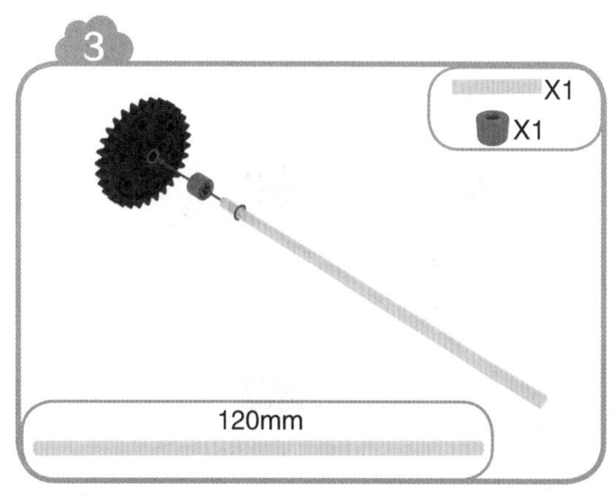
3
X1
X1
120mm

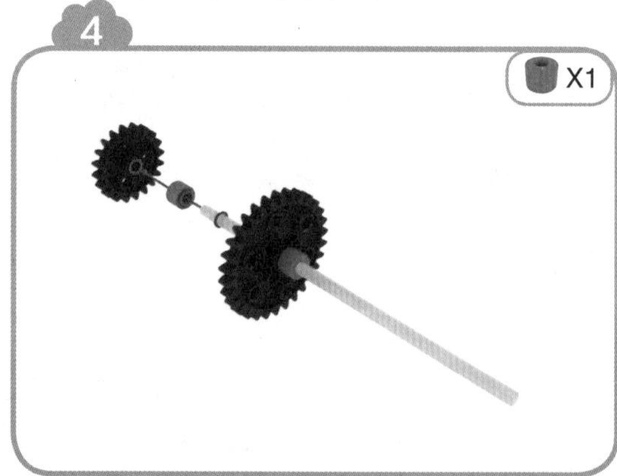
4
X1

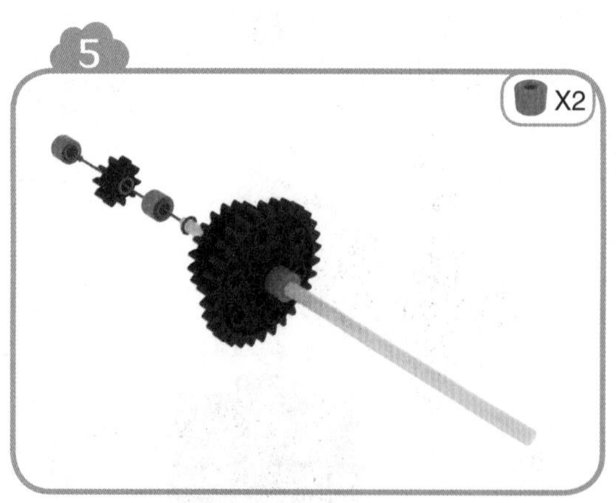
5
X2

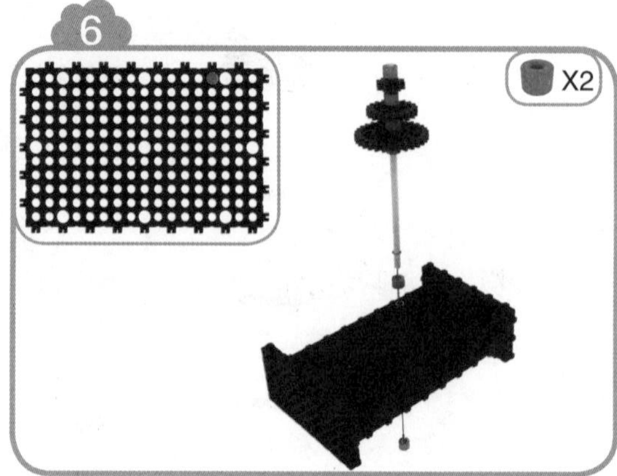
6
X2

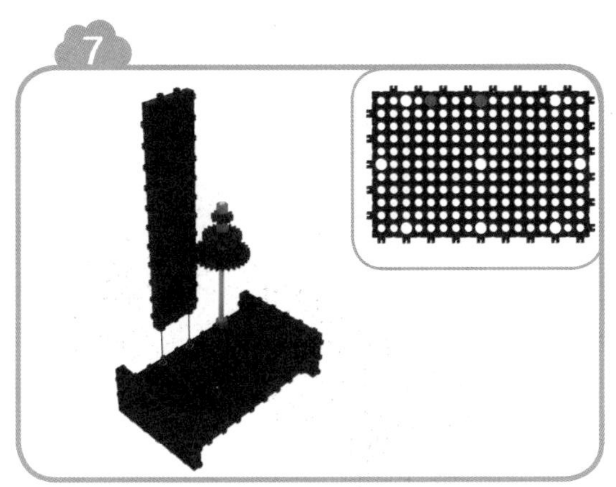
7

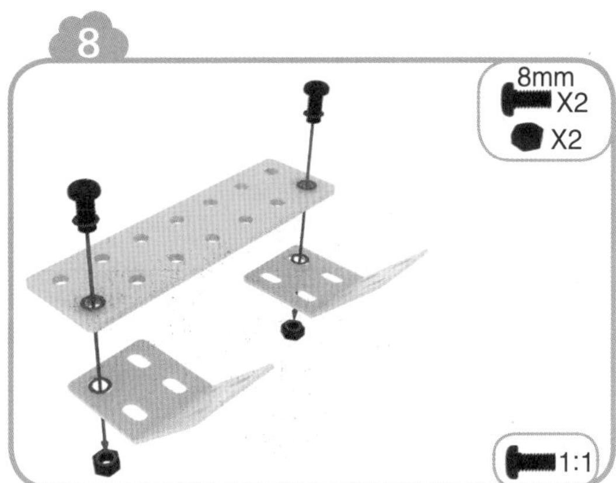
8
8mm
X2
X2
1:1

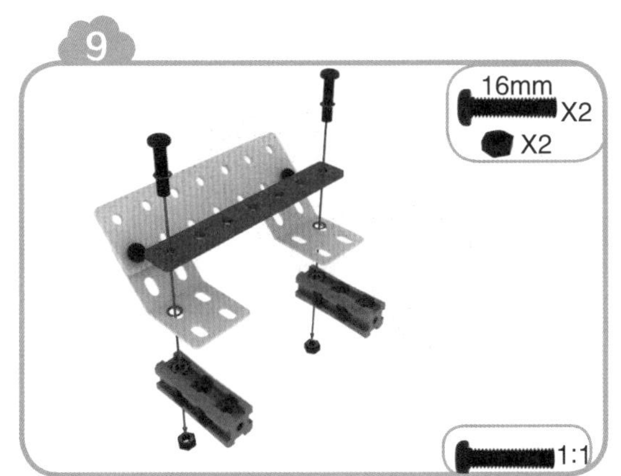
9
16mm
X2
X2
1:1

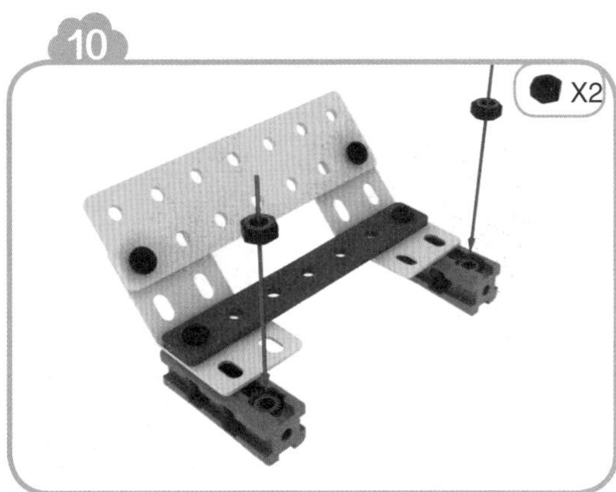
10
X2

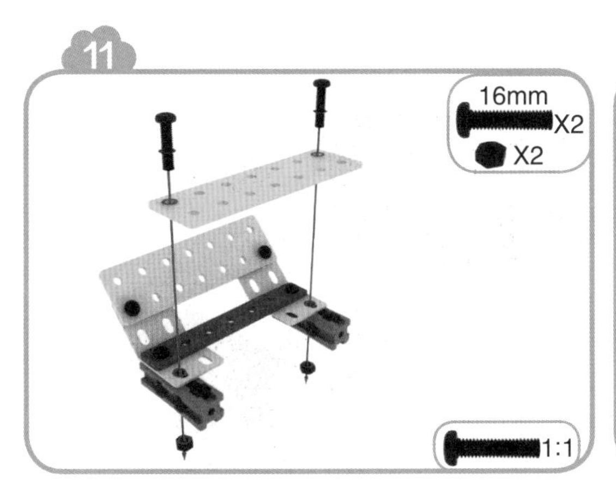
11
16mm
X2
X2
1:1

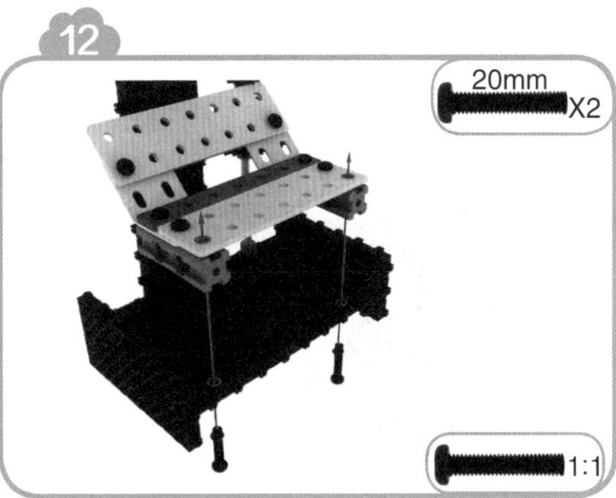
12
20mm
X2
1:1

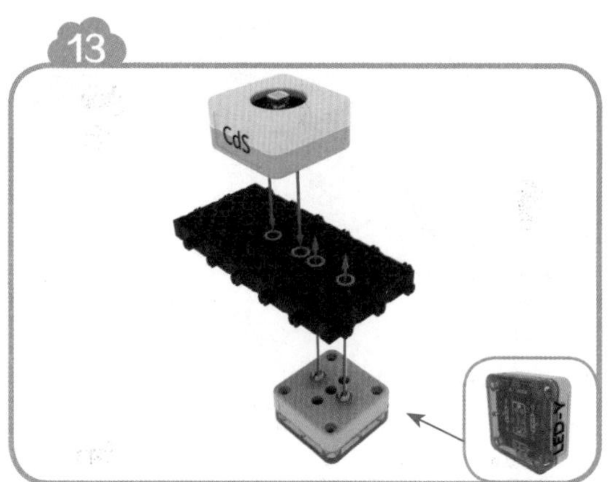

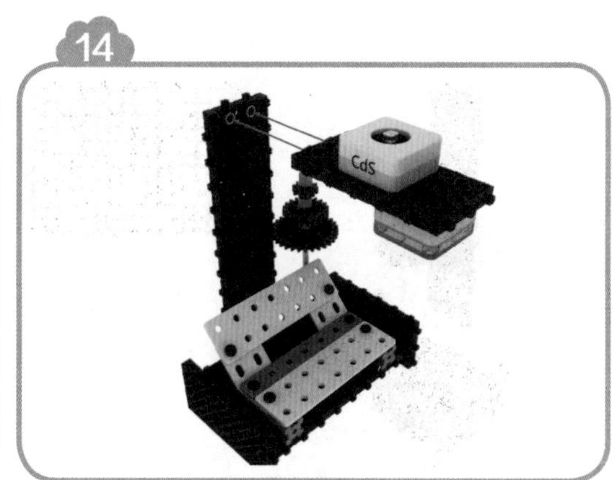

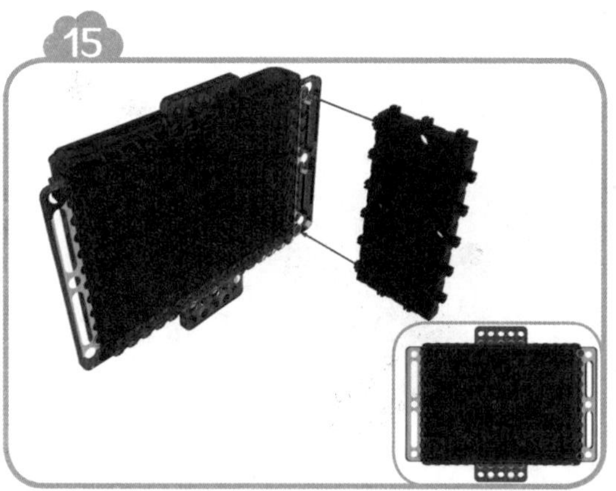

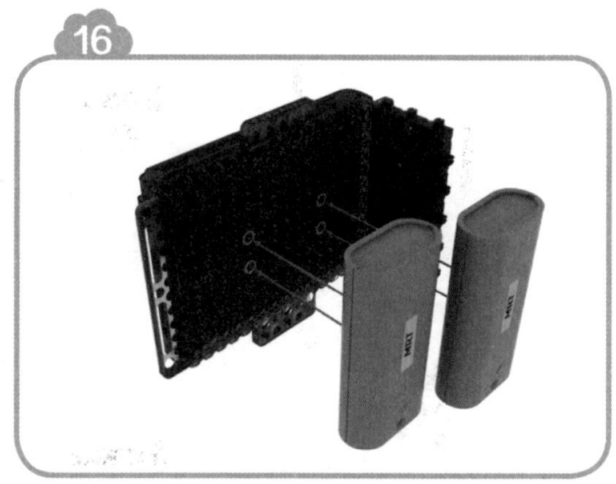

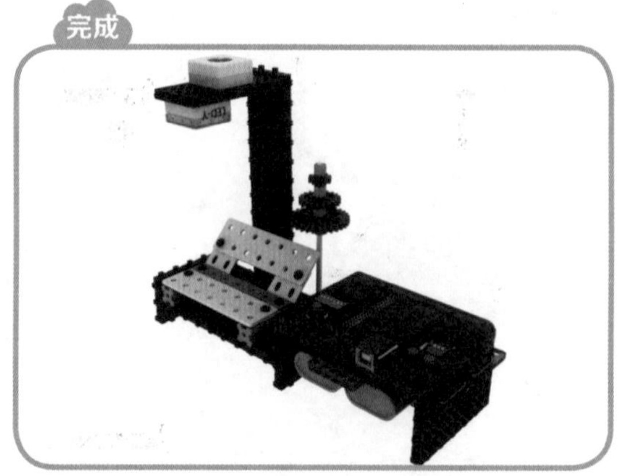

图 7-4　拼装步骤

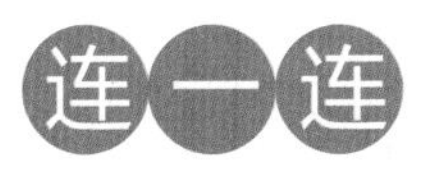

主板和组件连接如图 7-5 所示。

（1）将 USB 线连接计算机和主板。

（2）将光敏传感器连接到 PORT1。

（3）将 LED（Y）连接到 PORT9。

（4）在上传程序后再连接 6V 电池夹。

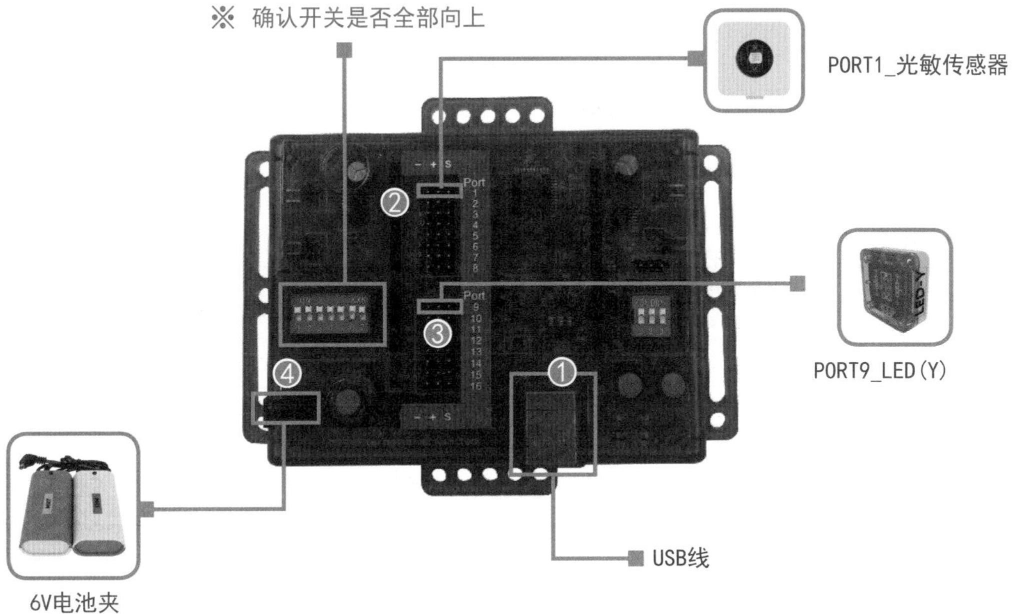

图 7-5　主板和组件连接配置图

（1）请将作品拍照、保存。

（2）请将 6V 电池夹关闭并拆下。

（3）请将电子元器件拆下。

（4）请将模型拆除。

（5）请将所有配件放回原位。

（6）对照表 7-1 所示配件清单清点配件。

第 8 单元 节能路灯编程

学习目标

◎ 理解分支逻辑。

◎ 学会分支流程图的绘制。

◎ 学会对光敏传感器进行编程。

逻辑解读

为了让普通路灯变成“智能节能灯”，需要让路灯能够对光线的强度做出判断。如果光线不足时，则路灯亮起，确保行人和车辆的安全；如果光线充足，则关闭路灯，减少能源消耗。这个过程的程序流程如图 8-1 所示。

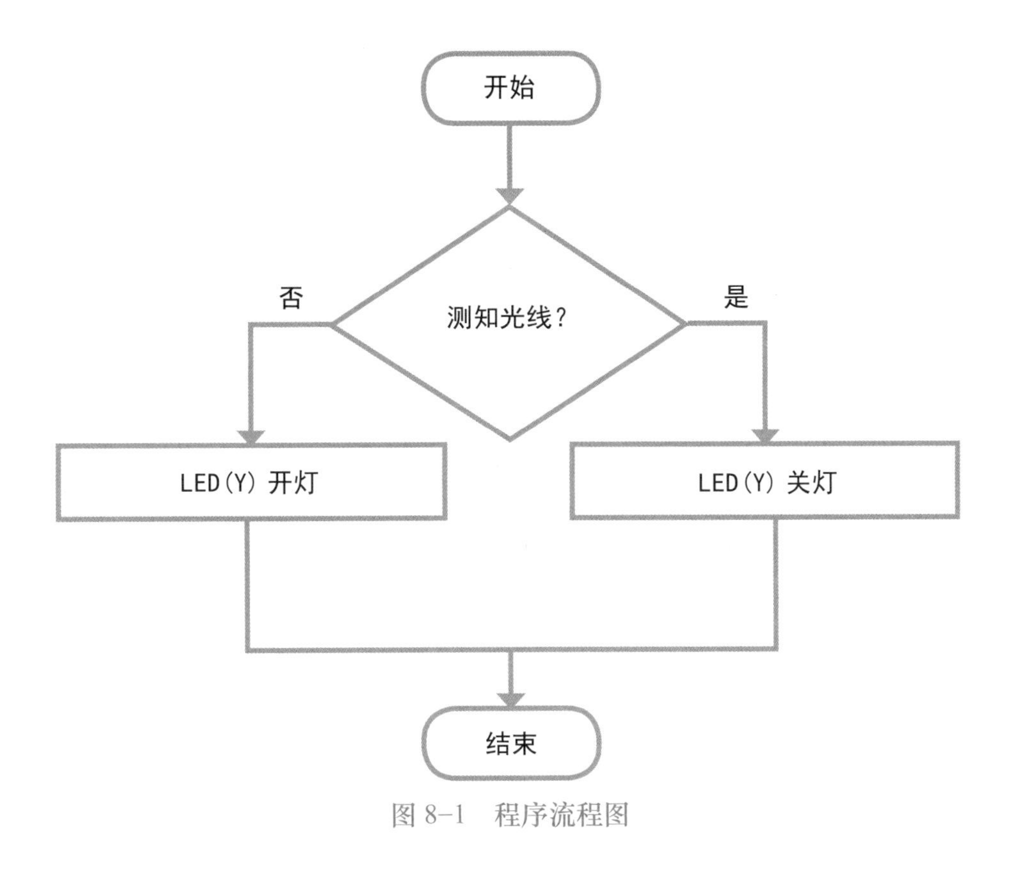

图 8-1　程序流程图

① 程序解读

如果光敏传感器感受到充足光线，则关掉 LED 灯，否则打开 LED 灯（图 8-2）。

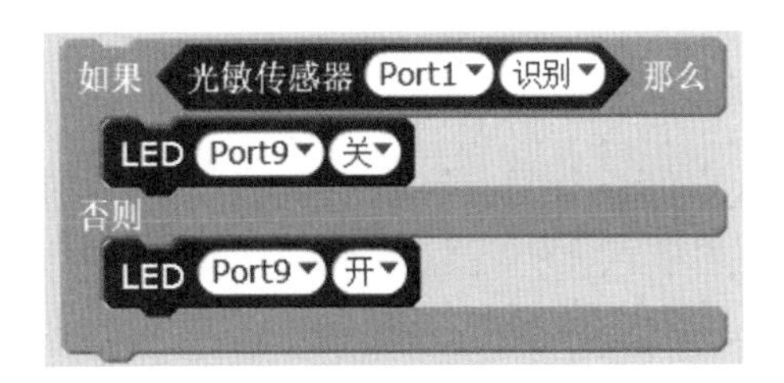

图 8-2　光敏传感器遇光反应

② 程序编写（图 8-3）

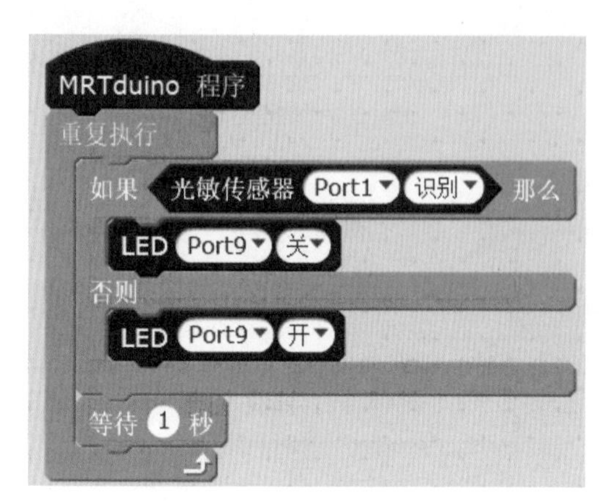

图 8-3　程序编写

③ 操控机器人

（1）将编写好的程序下载到主板中。

（2）打开电源，将路灯放到不同的光线环境中观察 LED 灯的变化。

在学完本单元后，有同学想到了更加节能的方案：在晚上光线不足，没有行人和车辆经过的时候，LED 灯也保持关闭状态。根据前面学过的知识，想一想，你如何帮他实现？

（1）请将作品拍照、保存。

（2）请将 6V 电池夹关闭并拆下。

（3）请将电子元器件拆下。

（4）请将模型拆除。

（5）请将所有配件放回原位。

（6）对照表 7-1 所示配件清单清点配件。

第9单元

学习目标

◎ 了解智能城市。

◎ 了解智能城市的发展趋势和概念。

◎ 能够根据流程图重新编写程序。

大开眼界

① 智能城市的概念

智能城市（图 9-1）是把基于感应器的物联网和现有互联网整合起来，通过快速计算分析处理，对网内人员、设备和基础设施，特别是交通、能源、商业、安全、医疗等公共行业进行的实时管理和控制的城市发展类型。

图 9-1 智能城市

2 智能城市的发展

智能城市研究始于智能建筑，智能建筑于 20 世纪 80 年代开始出现，后来成为很多智能城市理论研究的重要部分。智能建筑逐渐由单体向区域化发展，从而发展成大范围建筑群和建筑区的综合智能社区。通过智能建筑、智能小区间广域通信网路、通信管理中心的连接，继而使整个城市发展成为智能城市。

智能城市可以在政府行使经济调节、市场监管、社会管理和公共服务等职能的过程中，为其提供决策依据，使其能更好地面对挑战，创造一个和谐的城市生活环境，促进城市的健康发展。

3 智能城市的五大支撑

（1）信息基础设施。它是城市获取信息的基本能力，每个城市必须根据自身特点和发展方向，做整体思考。

（2）城市基础数据库。一个城市的数字化程度，从源头上取决于城市基础数据库的容量、速度、便捷性、可更新能力和智能化水平，至少包括数字人口、土地、交通、管线、经济管理等内容。

（3）电子政府和城市信息安全。电子政府能提高政府工作效率，提升施政水平，优化服务功能，它同时也是提高政府透明度和有效监督的重要工具。

（4）全方位的电子商务框架。电子商务系统的全方位、多等级和虚拟化建设，将具体体现未来城市发展的活力。

（5）城市交通系统的智能化。城市智能交通系统是 GIS（Geographic Information System，地理信息系统）、GPS（Global Positioning System，全球定位系统）和遥感等技术的有机结合。

（1）在第 7 单元中，我们搭建了节能路灯，你还有什么创意想法呢？如何实现？

（2）你对智能城市有什么样的想象呢？如何让智能城市系统更好地为人类服务？

（1）请将作品拍照、保存。

（2）请将 6V 电池夹关闭并拆下。

（3）请将电子元器件拆下。

（4）请将模型拆除。

（5）请将所有配件放回原位。

（6）对照表 7-1 所示配件清单清点配件。

第10单元 光敏汽车搭建

学习目标

◎ 了解有哪些新能源汽车。

◎ 提高保护环境的意识。

◎ 能够搭建光敏汽车模型。

◎ 能够正确连接元器件。

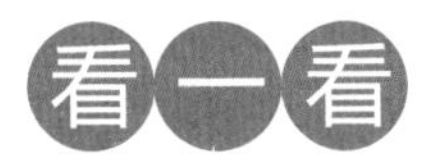

新能源汽车是指采用非常规的燃料作为动力来源的汽车。所谓非常规燃料，是指除了汽油和柴油以外的其他燃料，如天然气等。新能源汽车基本上可分为 4 大类型：混合动力电动汽车、纯电动汽车、燃料电池电动汽车和其他新能源汽车等。我国对新能源汽车采用补贴和出行便利的方式，鼓励大家使用新能源汽车，减少碳排放，保护我们的环境。图 10-1 中所示的电动汽车是现在知名度较高的特斯拉，图 10-2 中所示的概念汽车是利用太阳能作为新能源的汽车。

图 10-1　电动汽车：特斯拉

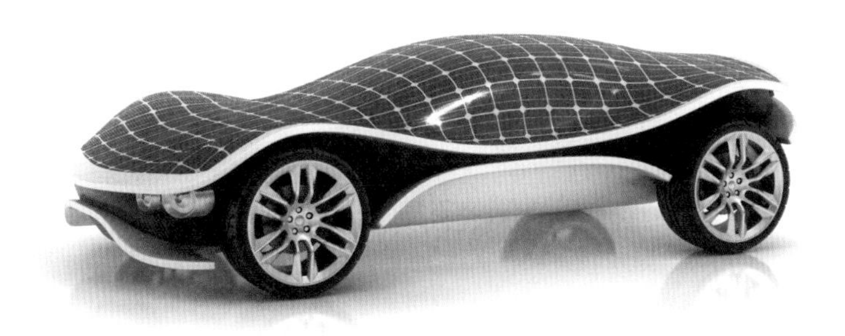

图 10-2　概念太阳能汽车

在前面单元中，我们已学习了如何搭建一款 DC 马达汽车，并通过编写程序，让小汽车动起来。本单元我们将结合第 7 单元的光敏传感器，来实现 DC 马达汽车的操控。

① 本单元创意拼装目标：光敏汽车（图 10-3）。

图 10-3 光敏汽车模型

② 准备材料

按照表 10-1 所示的配件清单准备拼装材料，做好搭建准备。

表 10-1　配件清单

品名	图示	数量	品名	图示	数量
模块 1117		2 块	小轮子		2 个
模块 511		2 块	小护帽		4 个
模块 523		2 块	LED (G)		1 个
31mm 钢轴		2 个	LED (Y)		1 个
135 度支架		1 个			
90 度支架		1 个	光敏传感器		1 个
柱子模块 23		1 块	DC 马达		2 个
中螺钉	16mm	4 个	6V 电池夹		1 块
螺母		4 个			
蓝护帽		6 个	主板		1 个
大齿轮		2 个			

3 动手搭一搭（图 10-4）

1

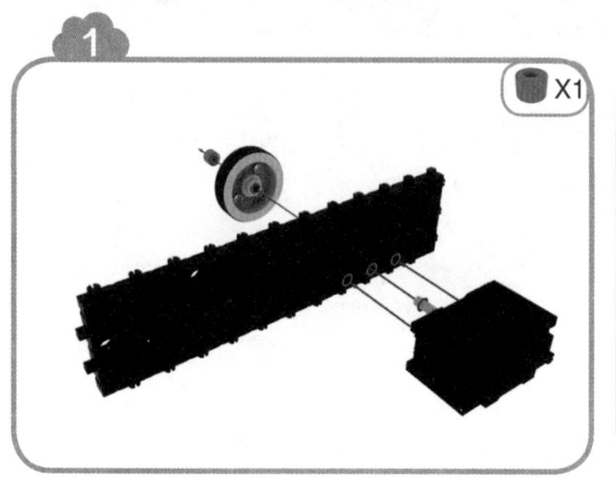

2

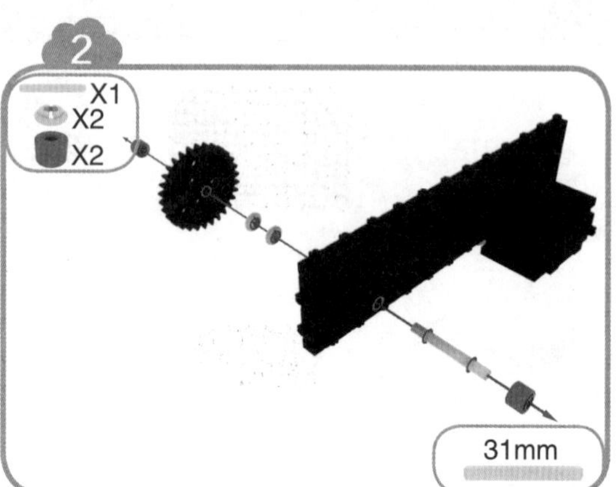

3

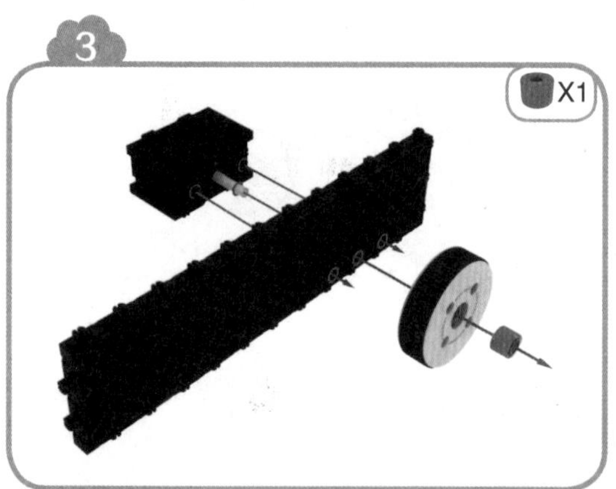

4

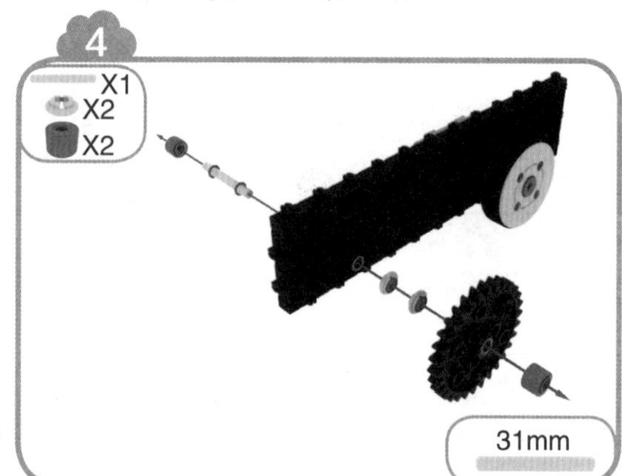

5

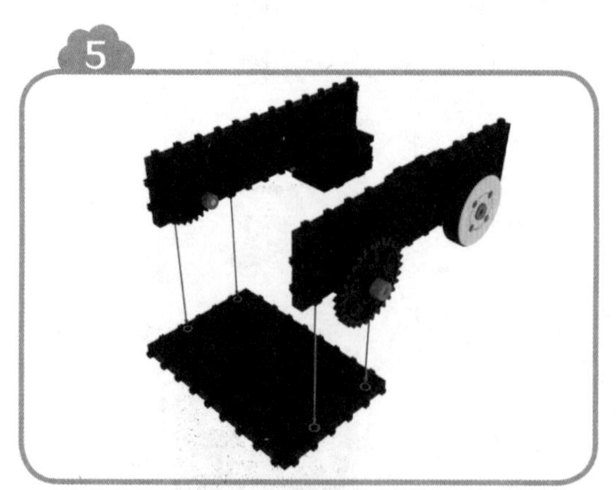

6

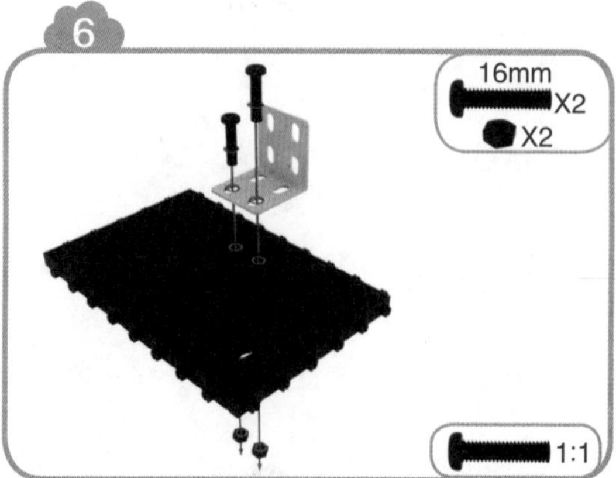

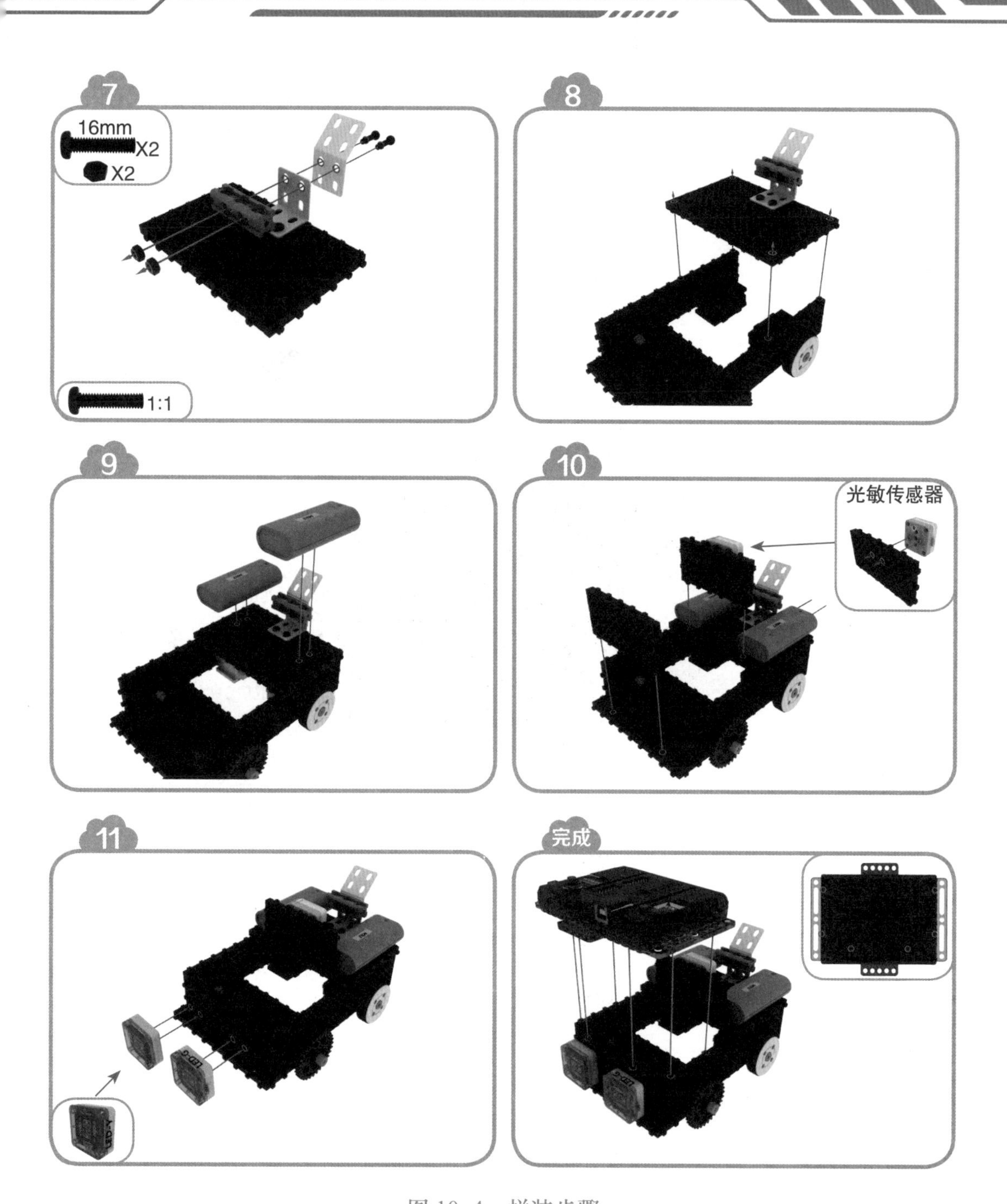

图 10-4　拼装步骤

连一连

主板和组件连接如图 10-5 所示。

（1）将 USB 线连接计算机和主板。

（2）将光敏传感器连接到 PORT1。
（3）将 LED(G)、LED(Y) 分别连接到 PORT9 和 PORT10。
（4）将左 DC 马达连接到 ML1 PORT。
（5）将右 DC 马达连接到 MR1 PORT。
（6）在上传程序后再连接 6V 电池夹。

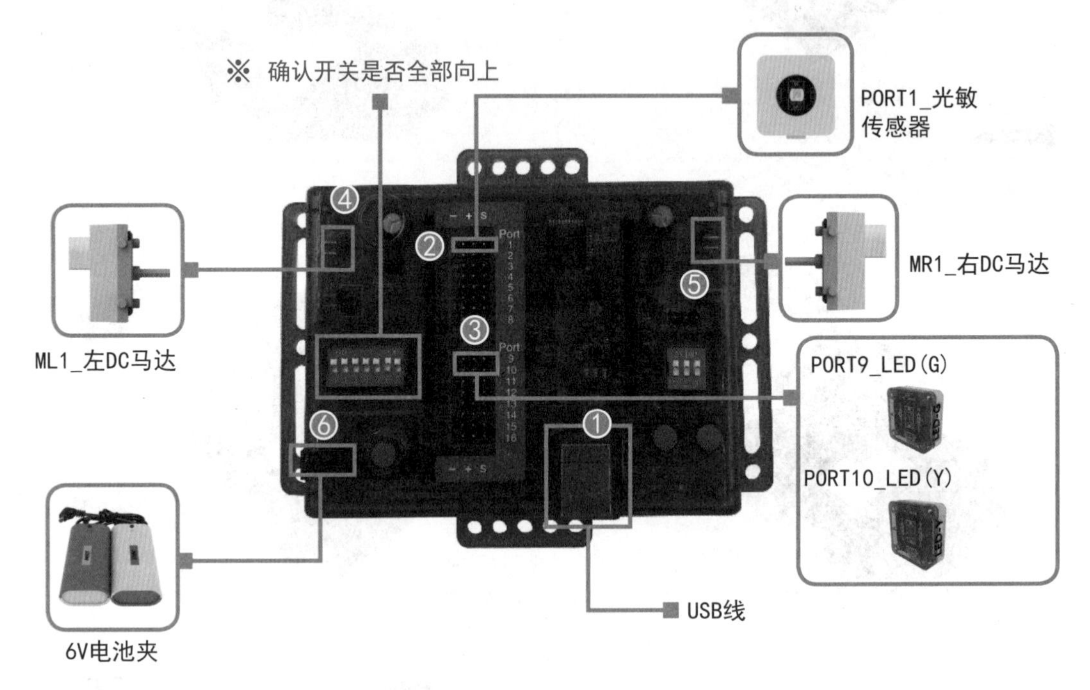

图 10-5　主板和组件连接配置图

结束整理

（1）请将作品拍照、保存。
（2）请将 6V 电池夹关闭并拆下。
（3）请将电子元器件拆下。
（4）请将模型拆除。
（5）请将所有配件放回原位。
（6）对照表 10-1 所示配件清单清点配件。

第 11 单元 光敏汽车编程

学习目标

◎ 进一步理解分支流程图。
◎ 能够在程序中综合利用光敏传感器和 DC 马达、LED 灯。
◎ 能够结合生活实例，改造光敏汽车模型和程序。

逻辑解读

本单元的光敏汽车程序设计思路如下：当光敏传感器检测到光线时，汽车开动，向前行驶，同时 LED 灯亮起。如果检测不到光线，LED 灯关闭，汽车停止行驶。这个过程的程序流程如图 11-1 所示。

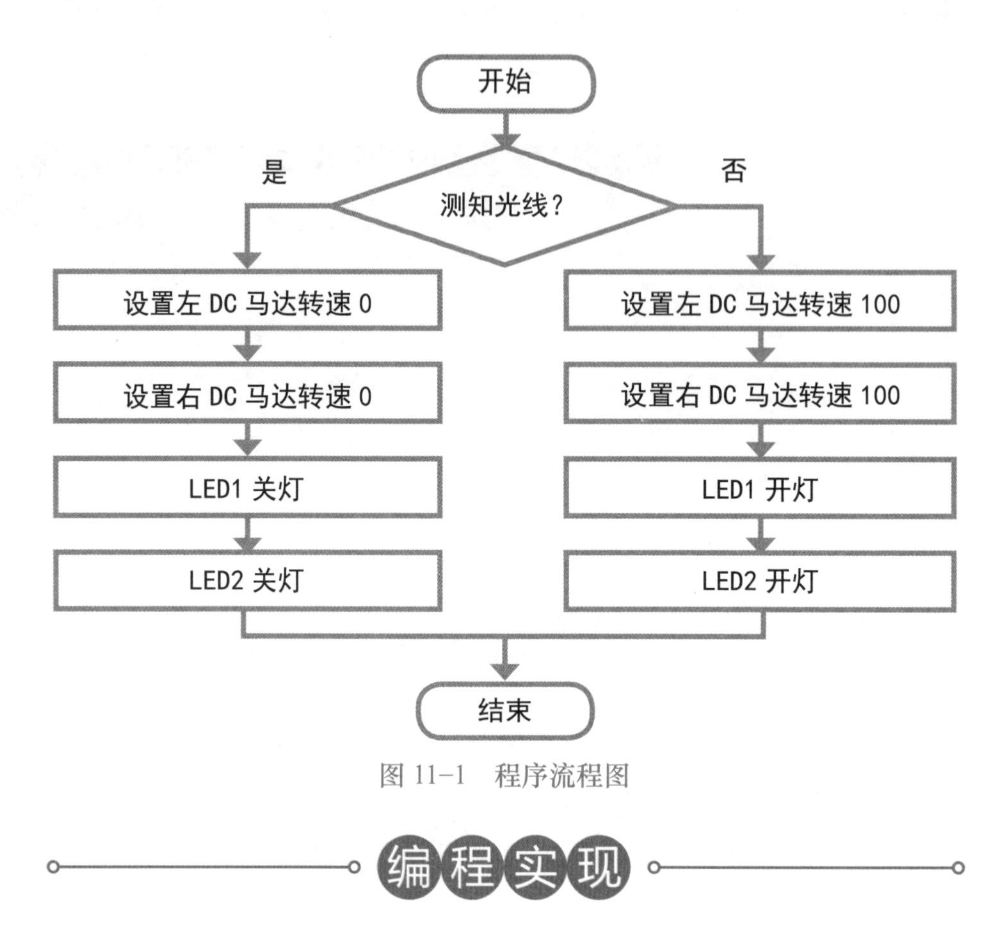

图 11-1　程序流程图

编程实现

① 程序编写（图 11-2）

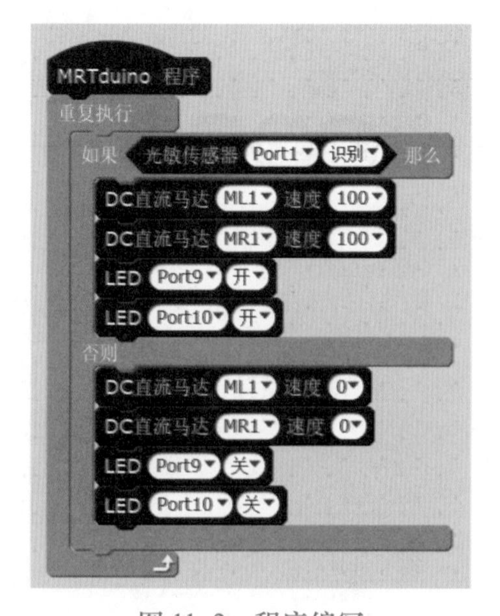

图 11-2　程序编写

（1）将编写好的程序下载到主板中。

（2）打开电源，让你的小汽车处于不同的光线环境下，看看它的行驶状态有什么不同。

（1）在实际生活中，如果汽车左转会提前闪烁左转向灯，如果右转会提前闪烁右转向灯，以提醒路人和车辆注意避让。你能在光敏汽车上加入这个功能吗？

（2）光敏传感器是否能获得外界的光亮度值？你能设计一个实验，对这个问题进行测试吗？

（3）试着改写程序，使光线亮的时候汽车开得快，光线暗的时候汽车开得慢。

（1）请将作品拍照、保存。

（2）请将 6V 电池夹关闭并拆下。

（3）请将电子元器件拆下。

（4）请将模型拆除。

（5）请将所有配件放回原位。

（6）对照表 10-1 所示配件清单清点配件。

第12单元

学习目标

◎ 了解智能交通。

◎ 了解智能交通的发展及相关知识。

◎ 能够根据流程图重新编写程序。

大开眼界

① 智能交通的概念

智能交通系统是未来交通系统的发展方向，它是将先进的信息技术、数据通信传输技术、电子传感技术、控制技术及计算机技术等有效地集成运用于整个地面交通管理系统而建立的一种在大范围、全方位发挥作用的，实时、准确、高效的综合交通运输管理系统。如图12-1所示，在智能交通系统控制下，道路上的车辆畅行无阻。

图 12-1　智能交通

2 智能交通的特点

智能交通系统具有以下两个特点：一是着眼于交通信息的广泛应用与服务，二是着眼于提高既有交通设施的运行效率。

与一般技术系统相比，智能交通系统建设过程中的整体性要求更加严格，这种整体性体现在：

（1）跨行业特点。智能交通系统建设涉及众多行业领域，是社会广泛参与的复杂巨型系统工程，从而造成复杂的行业间协调问题。

（2）技术领域特点。智能交通系统综合了交通工程、信息工程、控制工程、通信技术、计算机技术等众多科学领域的成果，需要众多领域的技术人员共同协作。

（3）政府、企业、科研单位及高等院校共同参与，恰当的角色定位和任务分担是系统有效展开的重要前提条件。

（4）智能交通系统将主要由移动通信、宽带网、RFID、传感器、云计算等新一代信息技术作为支撑，来更契合人的应用需求，使可信任程度提高，从而变得“无处不在”。

面对当今世界全球化、信息化发展趋势，传统的交通技术和手段已不适应经济社会发展的要求。智能交通系统是交通事业发展的必然选择，是交通事业的一场革命。智能交通是当今世界交通运输发展的热点和前沿，它依托既有的交通基础设施和运载工具，通过对现代信息、通信、控制等技术的集成应用，以构建安全、便捷、高效、绿色的交通运输体系为目标，充分满足公众出行和货物运输的多样化需求，是现代交通运输业的重要标志。

（1）你对智能交通有什么创意的想法？如何对第 10 单元中搭建的光敏汽车进行改进？

（2）尝试改装汽车模型，增加扬声器，在汽车转弯时，扬声器会发出提示声音。

（3）你还能想出如何设计光敏汽车，使其更符合智能交通的要求吗？汽车的外观和功能要如何实现？

结束整理

（1）请将作品拍照、保存。

（2）请将 6V 电池夹关闭并拆下。

（3）请将电子元器件拆下。

（4）请将模型拆除。

（5）请将所有配件放回原位。

（6）对照表 10-1 所示配件清单清点配件。

第 13 单元 可调节风扇搭建

学习目标

◎ 认识可变电阻。

◎ 能够搭建多种风扇模型。

◎ 能够正确连接元器件。

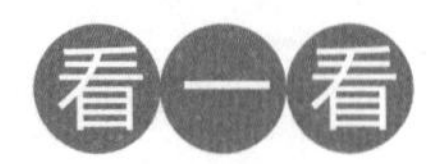

炎热的夏天，风扇是每个家庭的必备之物。同学们有没有仔细观察过家中的风扇呢？风扇的风力，是由叶片的转速决定的。通过调节叶片转速就可以按人们的需要改变风扇的风力。

在本单元及第 14 单元的学习中，我们利用配件和 Scratch 编程机器人，制作一款可调节风速的电扇（图 13–1）。

图 13–1　可调节风扇

调节风速一般需用到可变电阻。可变电阻（图 13-2）是电阻值可以调整的电阻，用于需要调节电路电流或需要改变电路电阻值的场合。可变电阻可启动电动机或控制它的转速。

图 13-2　可变电阻

①　本单元创意拼装目标：可调节风扇（图 13-3）。

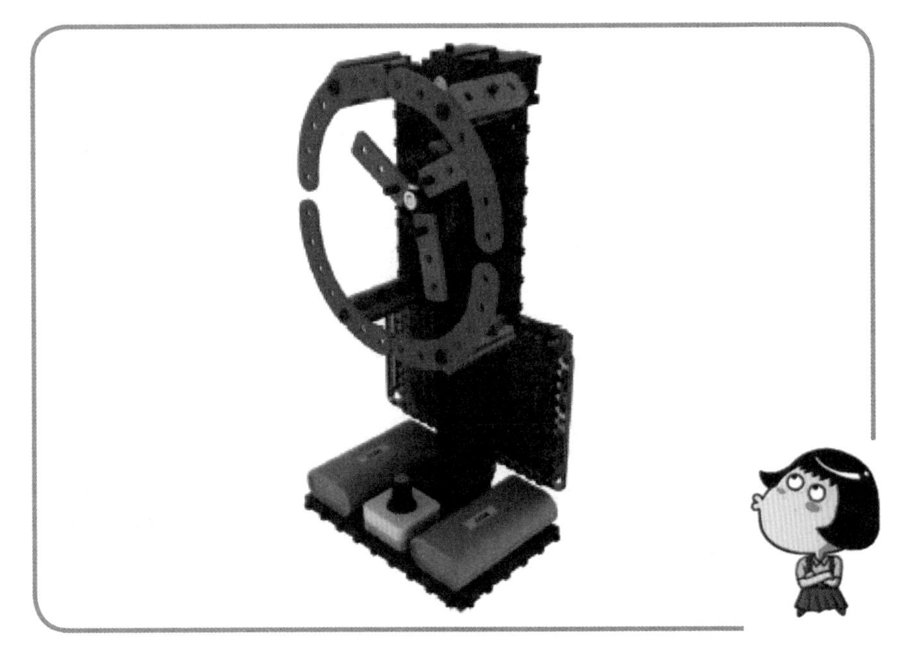

图 13-3　可调节风扇模型

② 准备材料

按照表 13–1 所示的配件清单准备拼装材料，做好搭建准备。

表 13–1　配件清单

品名	图示	数量	品名	图示	数量
模块 1117		2 块	中齿轮		2 个
			大齿轮		1 个
模块 523		1 块	固定护帽		3 个
			小护帽		3 个
31mm 钢轴		1 个	可变电阻		1 个
44mm 钢轴		1 个			
AL 框架 13		7 块	DC 马达		1 个
圆框架		4 个			
柱子模块 23		4 块	6V 电池夹		1 块
短螺钉	8mm	8 个			
中螺钉	16mm	9 个			
长螺钉	20mm	2 个	主板		1 个
螺母		4 个			
蓝护帽		1 个			
小齿轮		1 个			

③ 动手搭一搭（图 13-4）

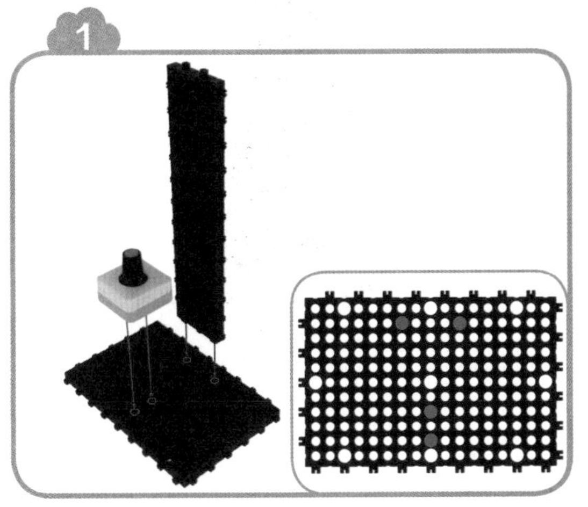

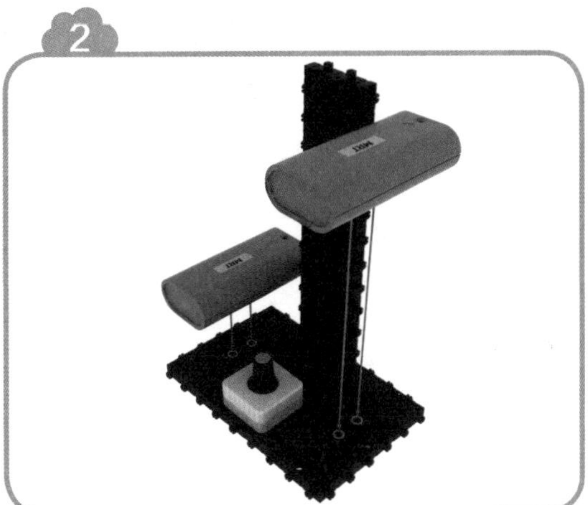

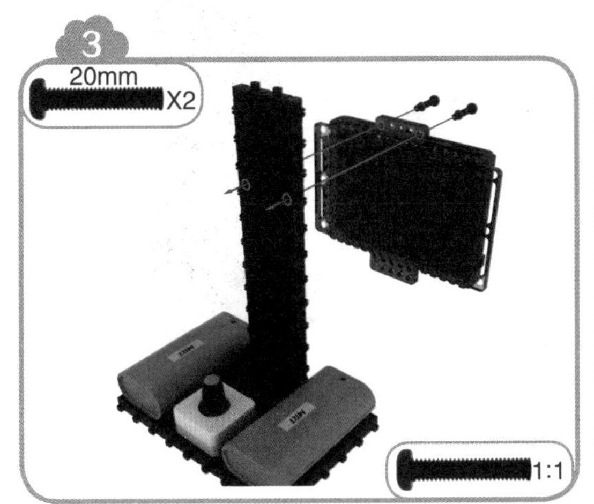

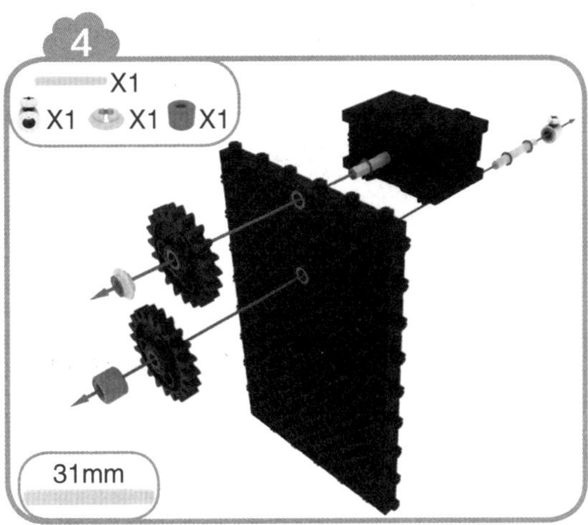

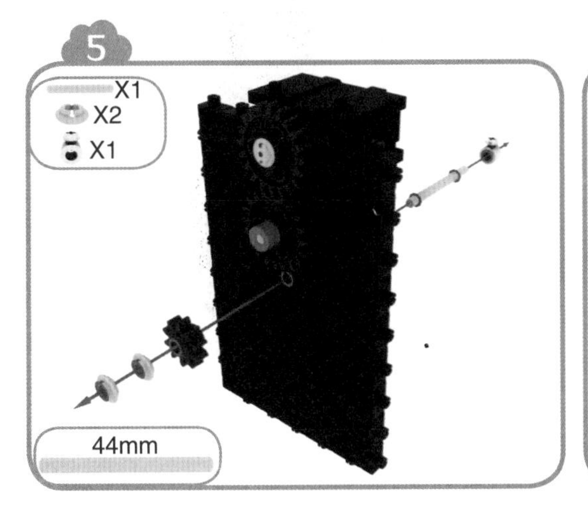

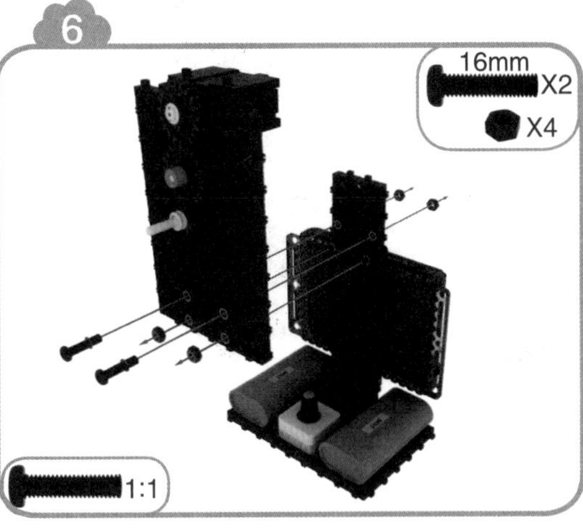

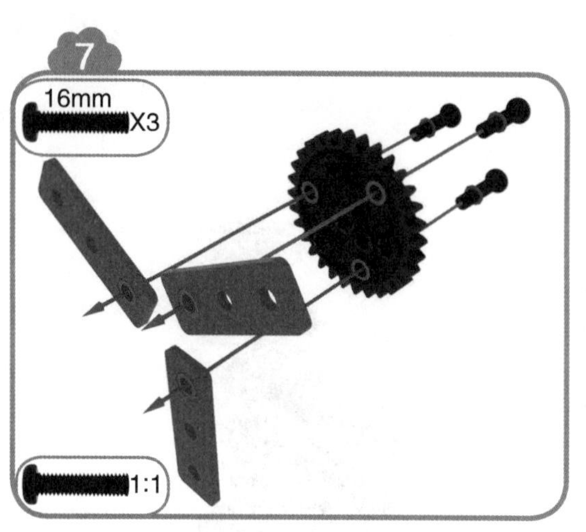
7
16mm
X3
1:1

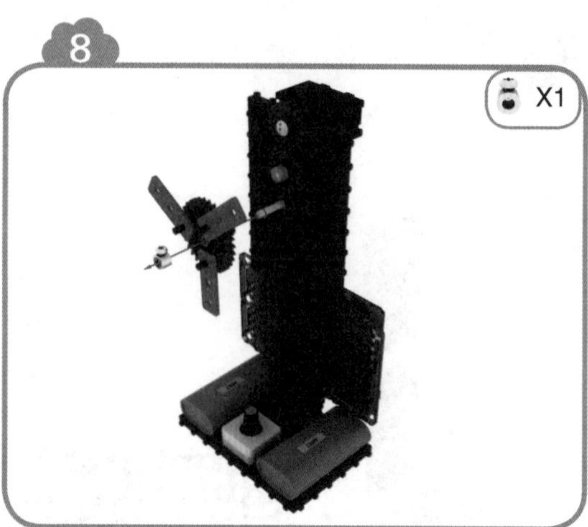
8
X1

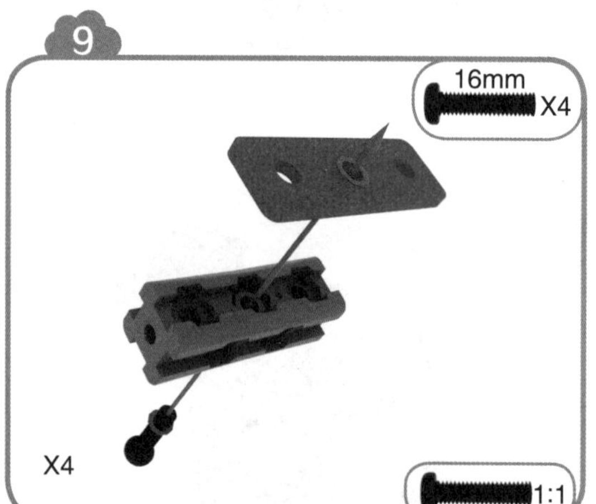
9
16mm
X4
X4
1:1

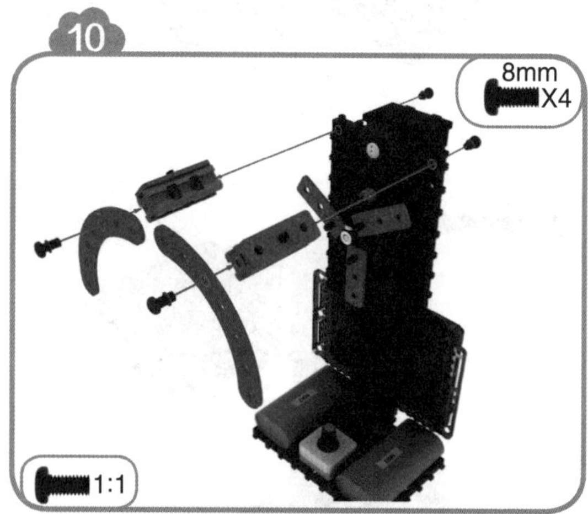
10
8mm
X4
1:1

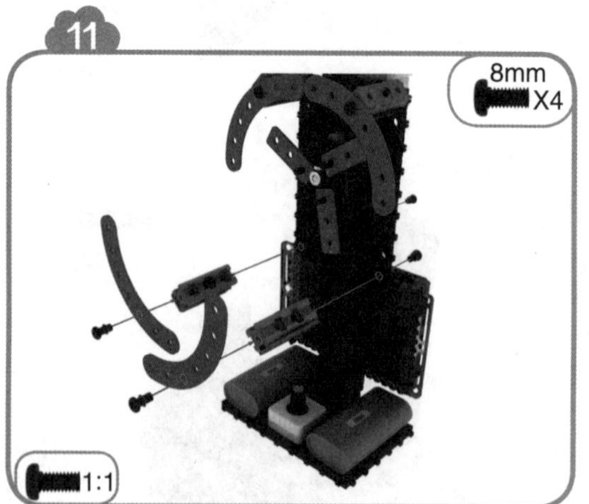
11
8mm
X4
1:1

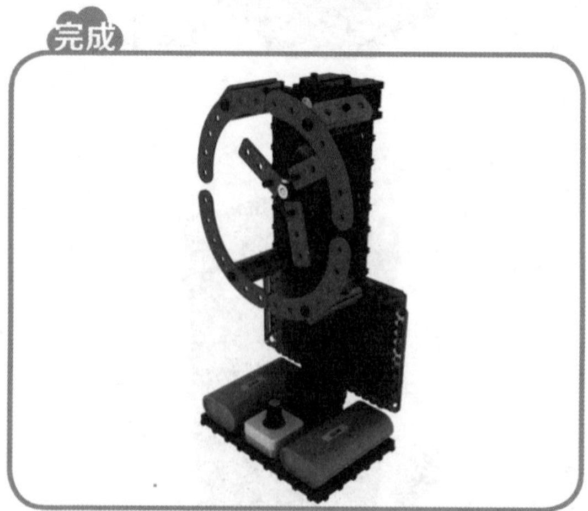
完成

图 13-4　拼装步骤

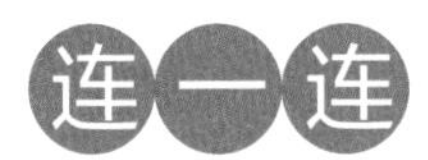

主板和组件连接如图 13-5 所示。

（1）将 USB 线连接计算机和主板。

（2）将可变电阻连接到 PORT5。

（3）将左 DC 马达连接到 ML1 PORT。

（4）在上传程序后，拔下 USB 连接线，再连接 6V 电池夹。

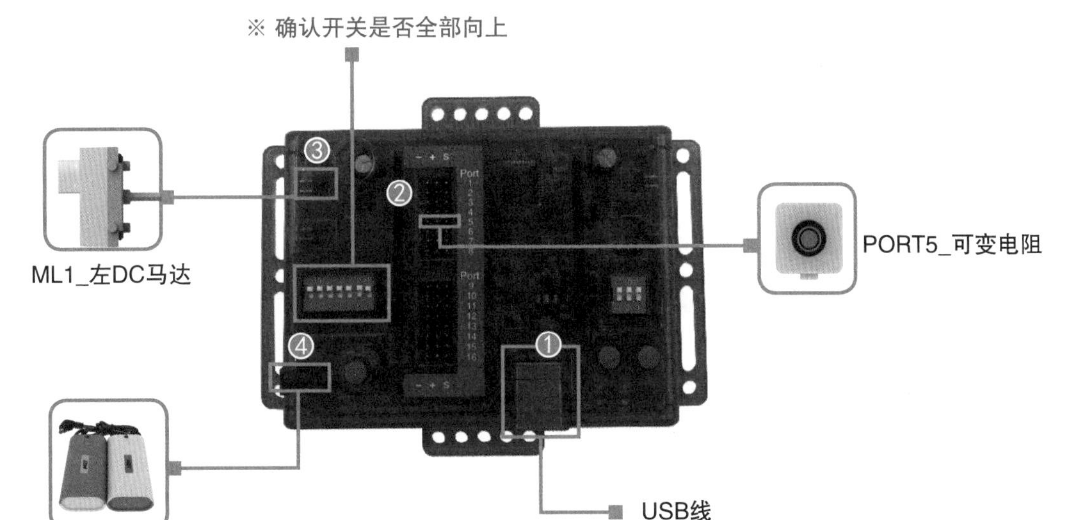

图 13-5　主板和组件连接配置图

（1）请将作品拍照、保存。

（2）请将 6V 电池夹关闭并拆下。

（3）请将电子元器件拆下。

（4）请将模型拆除。

（5）请将所有配件放回原位。

（6）对照表 13-1 所示配件清单清点配件。

第 14 单元

学习目标

◎ 理解程序逻辑。

◎ 掌握可变电阻在编程中的使用。

◎ 能够在编程中使用数字和逻辑运算。

逻辑解读

Scratch 编程机器人的主板可以实时获取可变电阻的电阻值，因此可以通过编写程序让 DC 马达的转速与可变电阻的阻值除以 10 的结果保持一致。当阻值减少时，风速降低；当阻值增大时，风速加大。但是，为了安全起见，风速的提升应该有个上限，不可能无限增大。如果程序检测到当前的阻值除以 10 后，商已经超过 100，则仍然将 DC 马达的转速设定为 100。这个过程的程序流程如图 14-1 所示。

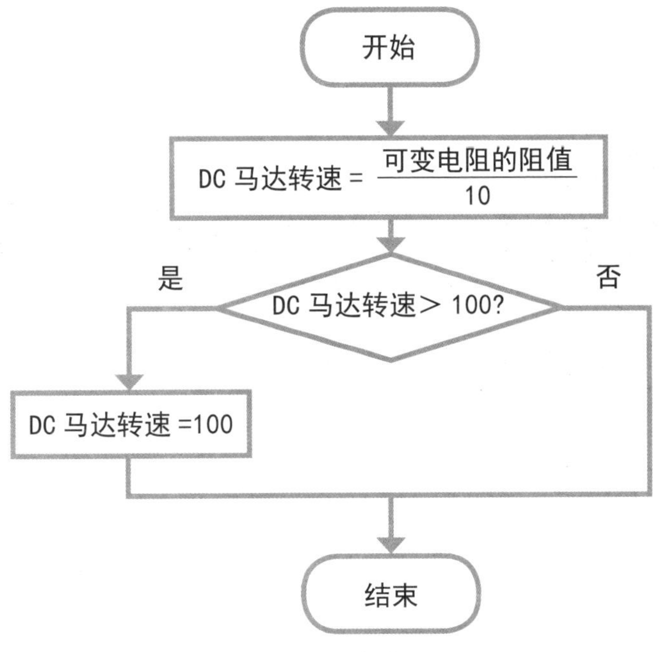

图 14-1　程序流程图

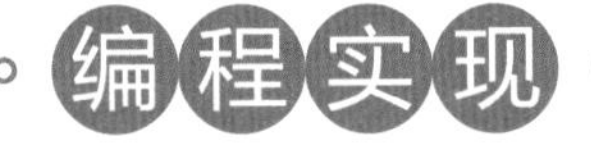

① 程序解读

（1）设定 DC 马达的转速 $=\dfrac{\text{可变电阻的阻值}}{10}$（图 14-2）。

（2）如果阻值过大，则 DC 马达的速度固定为 100（图 14-3）。

图 14-2　设定 DC 马达的转速 $=\dfrac{\text{可变电阻的阻值}}{10}$

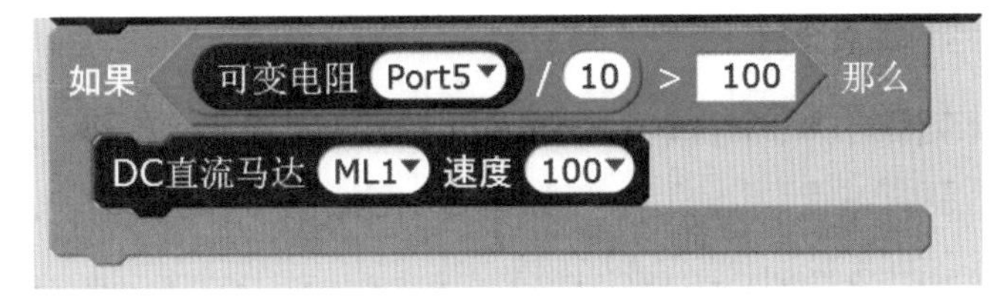

图 14-3　设定 DC 马达的速度固定为 100

② 程序编写（14–4）

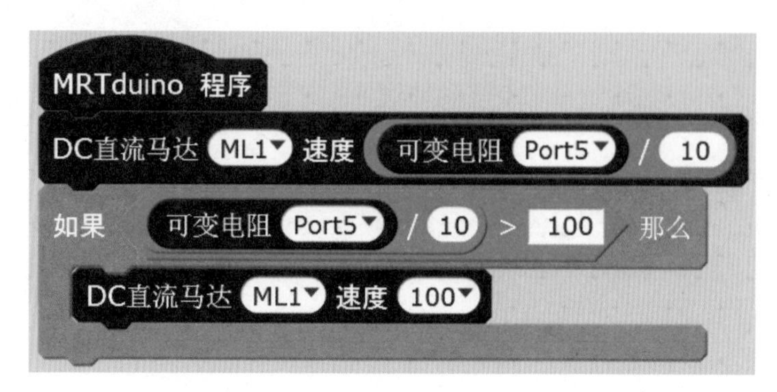

图 14–4　程序编写

③ 操控机器人

（1）将编写好的程序下载到主板中。

（2）打开电源，让风扇转起来。通过调节可变电阻，让风扇改变转速。

（1）试一试，结合光敏传感器，让你的风扇在光线充足的时候转起来，同时还能用可变电阻进行转速的控制。

（2）你觉得这个风扇的风力大吗？如果需要加大风量怎么办？

（1）请将作品拍照、保存。

（2）请将 6V 电池夹关闭并拆下。

（3）请将电子元器件拆下。

（4）请将模型拆除。

（5）请将所有配件放回原位。

（6）对照表 13–1 所示配件清单清点配件。

第 15 单元

◎ 了解可变电阻的知识。

◎ 能够发散思维进行创意设计，编写程序。

① 电阻

图 15-1　电阻

电阻（图 15-1）是一个限流器件。电阻的阻值是固定的，一般有两个引脚，将它接在电路中后，可限制通过它所连支路的电流大小。阻值不能改变的电阻称为固定电阻，阻值可变的电阻称为可变电阻。理想的电阻是线性的，即通过电阻的瞬时电流与外加瞬时电压成正比。用于分压的可变电阻，在裸露的电阻体上，紧压着一或两个可移动金属触点，触点位置确定了电阻体任一端与触点间的阻值大小。

② 可变电阻

可变电阻是阻值可以调整的电阻，用于调节电路电流或改变电路阻值。它既可以改变信号发生器的特性，也可以调整灯光亮度，启动电动机或控制它的转速。

可变电阻按制作材料可分为膜式可变电阻和线绕式可变电阻。

（1）膜式可变电阻。膜式可变电阻采用旋转式调节方式，一般用在小信号电路中，调整偏置电压或偏置电流、信号电压等。

（2）线绕式可变电阻。线绕式可变电阻属于功率型电阻，具有噪声小、耐高温、承载电流大等优点，主要用于各种低频电路的电压或电流调整。

（1）家里有哪些电器使用了可变电阻呢？

（2）利用所学知识，你能不能改进上一单元制作的风扇，让风扇的功能更强大？

（3）你还能利用可变电阻设计什么作品吗？编程如何实现？有什么作用？

（1）请将作品拍照、保存。

（2）请将 6V 电池夹关闭并拆下。

（3）请将电子元器件拆下。

（4）请将模型拆除。

（5）请将所有配件放回原位。

（6）对照表 13-1 所示配件清单清点配件。

my robot time

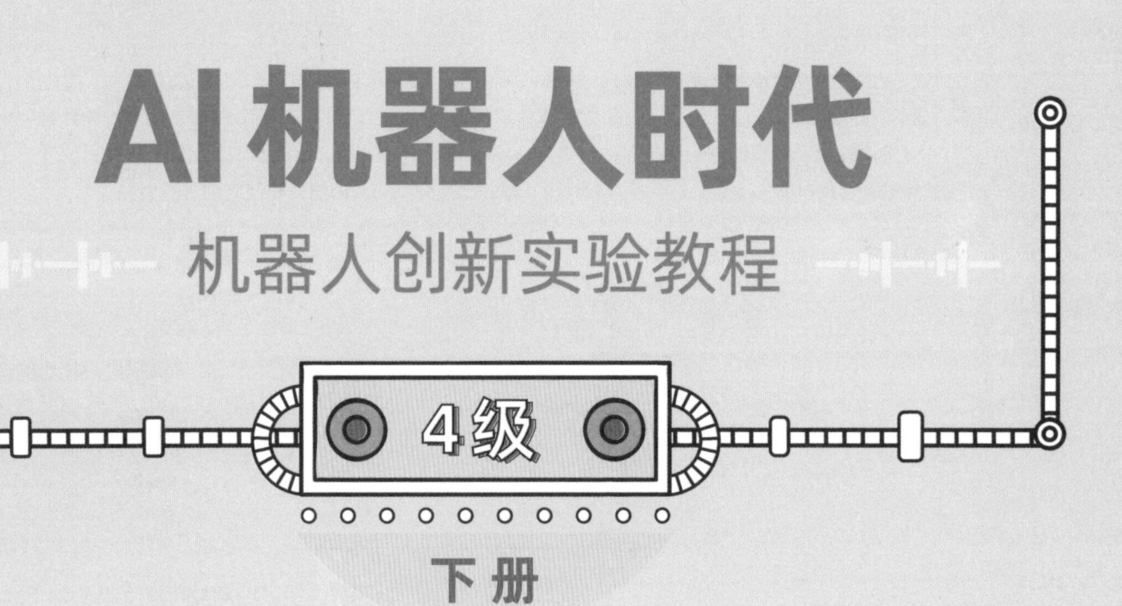

AI机器人时代

机器人创新实验教程

4级

下 册

丛 书 主 编　钟艳如
丛书副主编　陈　洁
本 册 主 编　陈　洁　伍大智

机械工业出版社
CHINA MACHINE PRESS

本书为《机器人创新实验教程　4 级下册》，使用了 MRT Scratch 图形化的编程软件。学生既可运用 MRT Scratch 和 Arduino 免费开放软件的 Arduino Sketch 进行编程基础学习，还可通过塑料模块、铝质模块和传感器进行多样化结合来制作属于自己的机器人，并利用软件和硬件相结合实现机器人功能，最后通过创意设计培养学生解决问题的能力和创新创造能力。

图书在版编目（CIP）数据

AI 机器人时代：机器人创新实验教程 . 4 级 . 下册 / 钟艳如主编；陈洁，伍大智本册主编 . —北京：机械工业出版社，2019.12

ISBN 978-7-111-64509-2

Ⅰ . ① A…　Ⅱ . ①钟… ②陈… ③伍…　Ⅲ . ①智能机器人 – 教材　Ⅳ . ① TP242.6

中国版本图书馆 CIP 数据核字（2019）第 296425 号

机械工业出版社（北京市百万庄大街 22 号　邮政编码 100037）

策划编辑：熊　铭　　责任编辑：熊　铭　何卫峰

责任校对：刘雅娜　　封面设计：滕沛芳　黄　辉

责任印制：常天培

北京富资园科技发展有限公司印刷

2020 年 2 月第 1 版第 1 次印刷

184mm × 260mm · 13.5 印张 · 329 千字

标准书号：ISBN 978-7-111-64509-2

定价：115.00 元（共 2 册）

电话服务　　网络服务

客服电话：010-88361066　机　工　官　网：www.cmpbook.com

010-88379833　机　工　官　博：weibo.com/cmp1952

010-68326294　金　书　网：www.golden-book.com

封底无防伪标均为盗版

机工教育服务网：www.cmpedu.com

编写人员

顾　　问　朱光喜　李旭涛

丛书主编　钟艳如

丛书副主编　陈　洁

本册主编　陈　洁　伍大智

本册副主编　房济城

本册参编　白　净　陈　坤　陈　丽　邓彩梅　董朝旭
胡　杰　黄　辉　贾　楠　李振庭　翁杰军
肖海明　周　靓　周宇雄　邹玉婷

序

以饱满的热情、创新的姿态，昂首迈进人工智能时代

世界已从制造经济时代进入了资讯经济时代，生活亦将从“互联网 +”时代开始向“人工智能 +”时代迈进

近几十年来，我们周围的世界乃至全球的经济与生活无时无刻不在发生着巨大变革。推动经济和社会大步向前发展的已不仅仅是直白可视的工业制造和机器，更有人类的思维与资讯。我们的世界已从制造经济时代进入了资讯经济时代，生产方式正从“机械自动化”逐渐向“人工智能化”过渡，我们的生活亦将很快从当前的“互联网 +”时代开始向“人工智能 +”时代迈进，新知识和新技能显得尤为重要。

编程和人工智能在新经济和新生活时代的作用与地位

人工智能（Artificial Intelligence），英文缩写为AI。它是研究、开发用于模拟、延伸和扩展人的智能的理论、方法、技术及应用系统的一门新的技术科学。该领域的研究包括机器人、语言识别、图像识别、自然语言处理和专家系统等。百度无人驾驶汽车、谷歌机器人（Alpha Go）大战李世石等都是人工智能技术的体现。

近年来，我国已经针对人工智能制定了各类规划和行动方案，全力支持人工智能产业的发展。

显然，人工智能时代已经到来！

三 人工智能时代的 STEAM 教育

人工智能时代的STEAM教育，其核心之一是培养学生的计算思维，所谓计算思维就是“利用计算机科学中的基本概念来解决问题、设计系统以及了解人类行为。”计算思维是解决问题的新方法，能够改变学生的学习方式，帮助学生创建克服困难的思路。虽然计算思维的基础是计算机科学中的编程等，但它已被普遍地应用于所有学科，包括文学、经济学、数学、化学等。

通过学习编程与人工智能培养出来的计算思维，至少在以下3个方面能给学生带来极大益处。

（1）解决问题的能力。掌握了计算思维的学生能更好地知道如何克服突发困难，并且尽可能快速地给出解决方案。

（2）创造性思考的能力。掌握了计算思维的学生更善于研究、收集和了解最新的信息，然后运用新的信息来解决各种问题和实施各项方案。

（3）独立自信的精神。掌握了计算思维的学生能更好地适应团队工作，在独立面对挑战时表现得更为自信和淡定。

鉴于编程和人工智能在中小学STEAM教育中的重要性，全球很多国家和地区都有立法要求学校开设相关课程。2017年，我国国务院、教育部也先后公布《新一代人工智能发展规划》《中小学综合实践活动课程指导纲要》等文件，明确提出要在中小学阶段设置编程和人工智能相关课程，这将对我国教育体制改革具有深远影响。

四 机器人在开展编程与人工智能教育时的独特地位

机器人之所以会逐步成为STEAM教育和技术巧妙融合的最好载体并广受欢迎，是因为机器人相比其他教学载体，如无人机、3D打印机、激光切割机等，有着其自身的鲜明特点。

（1）以教育机器人作为STEAM教育的物理载体，能很好地兼顾教育的趣味性、多样性、延展性、创意性、安全性和政策性。

（2）机器人教育能够弥补学校教育中缺乏的对学生动手能力和操作能力的实训。

（3）机器人教育是跨多学科知识的综合教育，机器人具有明显的跨界、融合、协同等特征，融合了电子、计算机软硬件、传感器、自动控制、人工智能、机械设计、人机交互、网络通信、仿生学和材料学等多学科技术，有助于培养学生综合素质。

（4）机器人教育适合各年龄段的学生参与学习，幼儿园阶段、中小学阶段甚至大学阶段，都能在机器人教育阶梯中找到自己的位置。

五 《AI 机器人时代 机器人创新实验教程》的重要性和稀缺性

《AI机器人时代 机器人创新实验教程》是依据STEAM教育“四位一体”教学理论和模式编写的，本系列课程共分1~4级，每级分上、下两册。

每级课程分别是基于不同年龄段的学生特点进行开发设计的。课程各单元开篇采用故事、游戏、问答以及图片或视频的形式引出主题，并提供主题背景知识，加深学生印象；课程按1~4级，从结构搭建、原理讲解到简单编程、复杂编程，从具体思维到抽象思维，从简单到复杂，从低级到高级，进行讲解；所涉及的学科内容涵盖了计算机、电子、结构、力学、数学、设计、社会学、人文学甚至历史等。通过本系列课程的学习，可以激发学生对科学探究的兴趣，通过机器人拼装、运行等帮助学生更好地学习到物理、编程和人工智能等相关知识与技能，提升对学生计算思维、创新能力和空间想象力的培养，并更好地理解人与自然、人与人、人与时间的联系等。

此外，本系列课程的编写顾问和编写成员阵容强大，除了韩端国际教育科技（深圳）有限公司（后简称：韩端国际）具有丰富经验、颇深专业素养的课程开发团队外，还诚邀中国教育技术协会副会长、中国教育技术协会技术标准委员会秘书长钟晓流教授，清华大学电子工程系博士生导师、国家自然科学基金资助项目会议评审专家杨健教授，汕头大学电子工程系李旭涛教授，以及多位曾任或现任教育主管部门负责人、教育考试院专家、知名中小学校校长、STEAM教育科研组资深老师等加入，保证了本系列课程的专业性、广泛性、实用性以及权威性。

我是在工作中了解到韩端国际的。这是一家十多年来专注于教育机器人领域的国家级高新技术企业，它长期致力于向广大学校、教培机构、学生和家长，提供“机器人+编程+人工智能+课程”的产品和服务，用户已经覆盖包括中国在内的全球近50个国家和地区，可以称得上是全球领先的科技教育品牌；它的教育机器人品牌是MRT（全称：MY ROBOT TIME）。从认识开始，我就对一个企业能十年如一日地专注于一个领域深耕，尤其是在投入长、要求高、回报慢的教育行业，是颇有好感，也是很钦佩的！2017年，韩端国际人又适时提出了“矢志打造人工智能时代行业基石”的口号，我个人对此是非常认同的。他们是真正在践行“编程和人工智能教育，从娃娃抓起”的理念，这是时代的呼唤，也是用户的诉求，既有对未来行业发展方向正确的认知，也有对行业发展责任勇敢的承担。

最后，我想说，不管你是否准备好，人工智能时代确实已经到来，那就让我们和我们的下一代，以饱满的热情、创新的姿态，昂首迈进人工智能时代吧！

此序。

朱光喜

2019年3月31日

写于华中科技大学

本册闯关地图

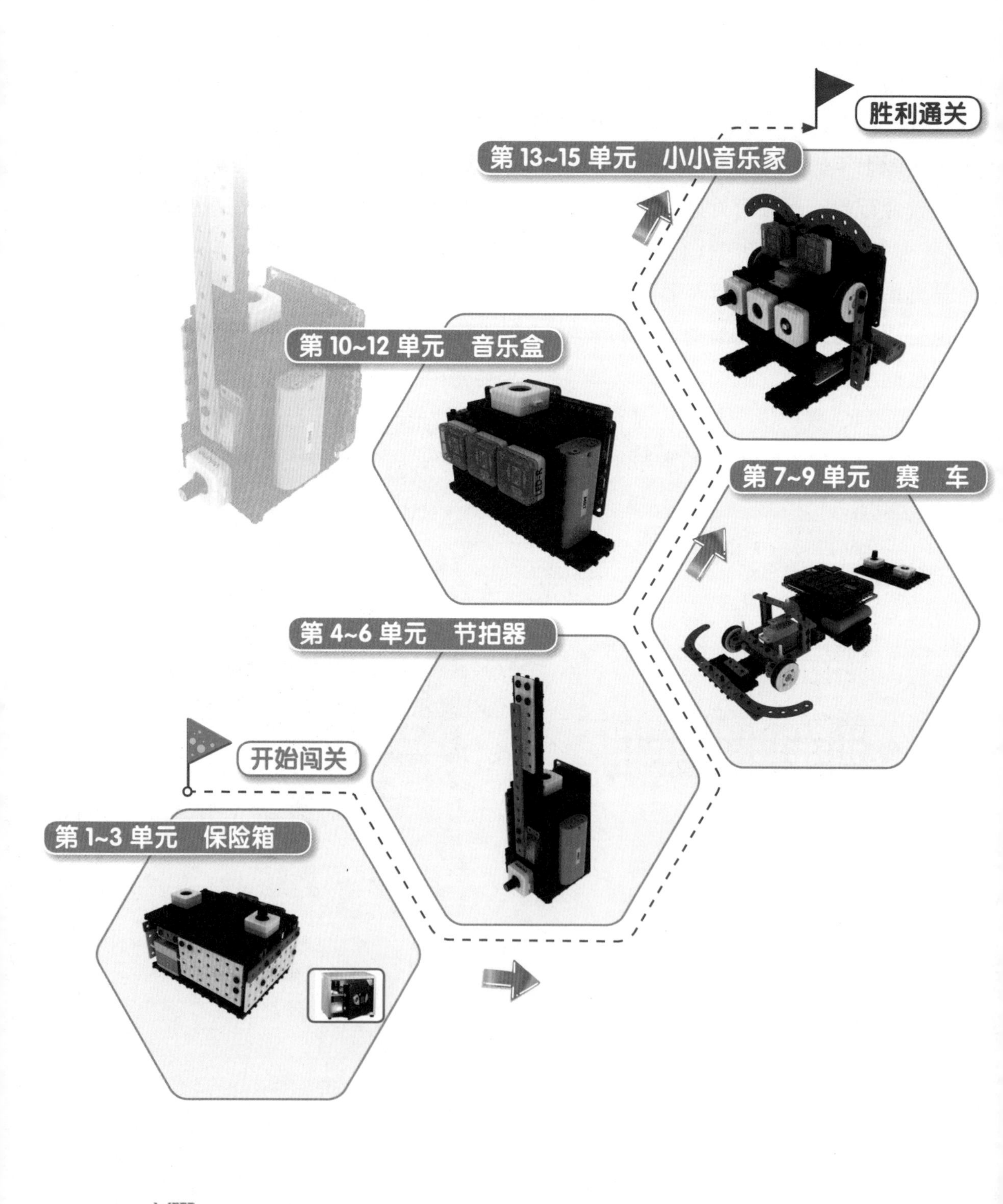

胜利通关
第 13~15 单元　小小音乐家
第 10~12 单元　音乐盒
第 7~9 单元　赛　车
第 4~6 单元　节拍器
开始闯关
第 1~3 单元　保险箱

教学“工具包”配件清单

铝框架

AL框架13(8)

AL框架15(4)

AL框架17(4)

AL框架113(2)

AL框架27(2)

AL框架39(2)

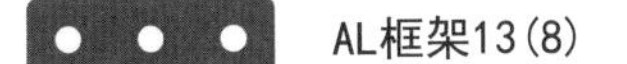

90度框架(2)

圆框架(4)

ABS模块

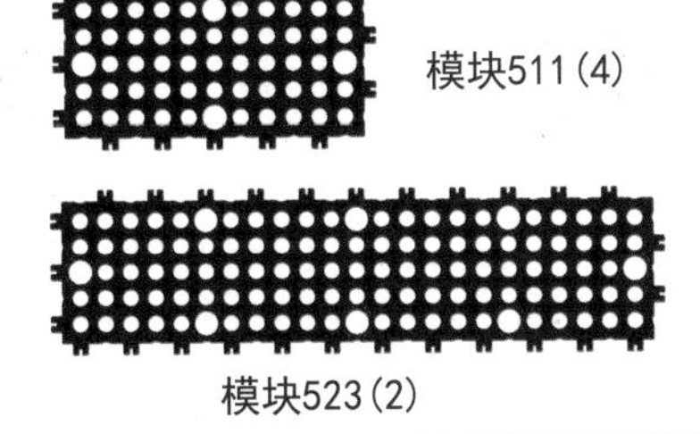

模块511(4)

模块523(2)

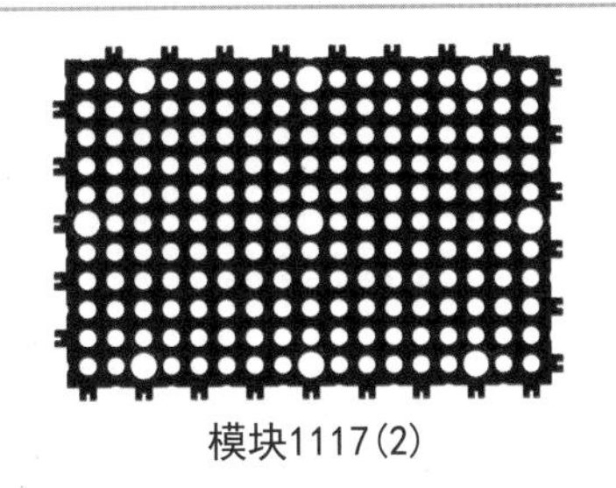

模块1117(2)

支架/柱子模块

90度支架(2)

135度支架(2)

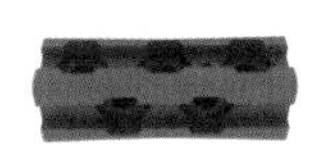

柱子模块23(6)

柱子模块45(4)

注: 1.清单中“AL框架13(8)”指的是竖直方向有1个圆孔、水平方向有3个圆孔的框架，数量为8个，下同。

2.在产品质量改进过程中，一些部件的外观和颜色有可能与实物有所不同。

齿轮/轮子

小齿轮(2)

中齿轮(2)

大齿轮(2)

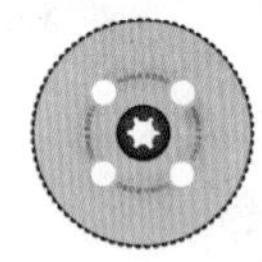
小轮子(2)

钢轴/护帽

31mm钢轴(4)

44mm钢轴(2)

70mm钢轴(2)

95mm钢轴(2)

120mm钢轴(2)

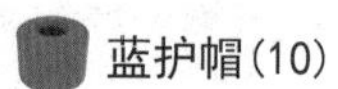
蓝护帽(10)

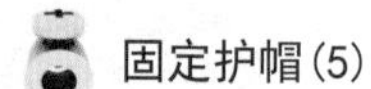
固定护帽(5)

小护帽(10)

螺钉/螺丝刀具

8mm

短螺钉(20)

16mm

中螺钉(20)

20mm

长螺钉(10)

螺母(50)

螺丝刀(1)

扳手(1)

传感器/组件

光敏传感器(1)

扬声器(1)

可变电阻(1)

LED(G)

LED(Y)

LED(R)

主板/其他组件

主板(1)

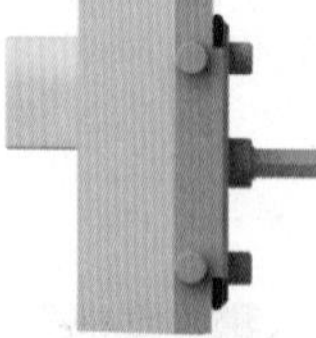
DC马达(2)

伺服马达专用
小螺钉（2）

伺服架（2）

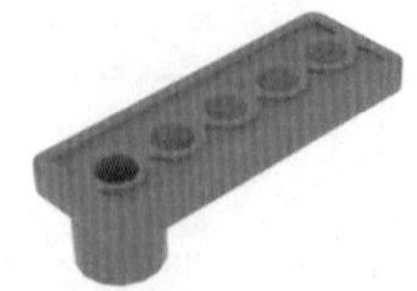
伺服horn(1)

伺服马达(1)

电池夹(1)

Scratch编程主板及组件说明

Scratch编程主板说明

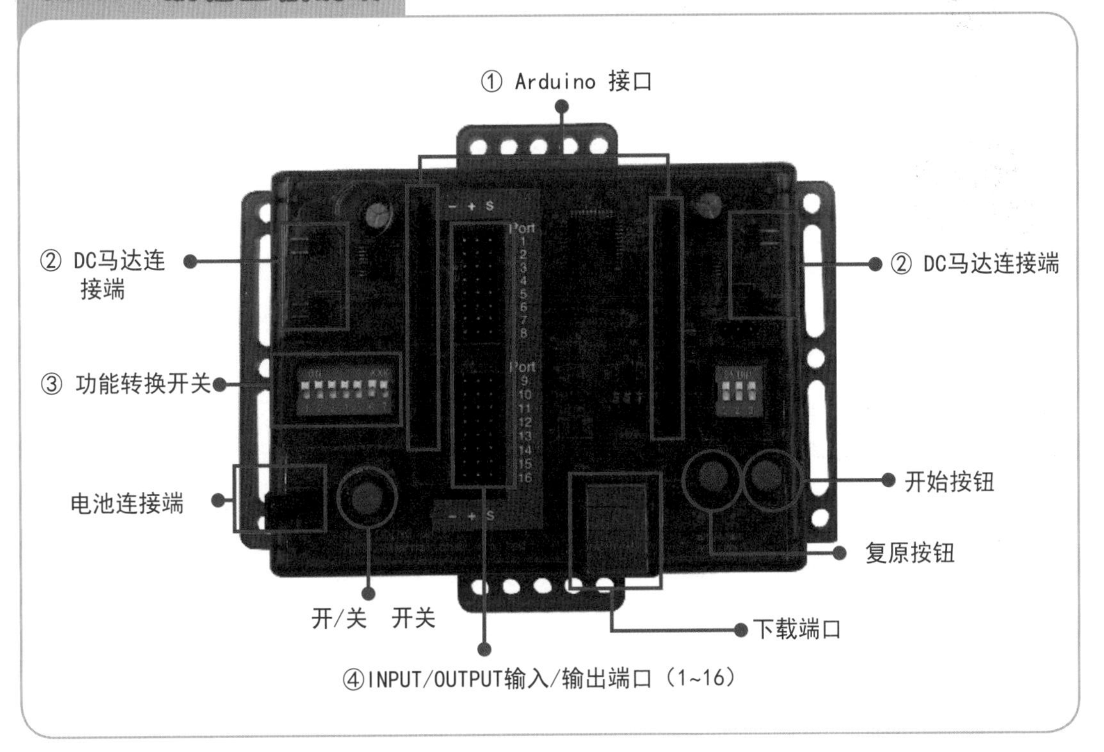

① Arduino 接口：装上传感器和扩展板，可以扩展出其他更多功能。

② DC 马达连接端：连接 DC 马达（功能转换开关，1~4 拉下时不能使用）。

③ 功能转换开关：转换使用 MRT5 板和 Arduino 端口功能。

- 全部开关都推上去可以使用 MRT5 的端口和功能。
- 全部开关都拉下可以使用 Arduino Leonardo 功能。
- 1~4 号开关：推上去可以使用 DC 马达连接端，拉下来使用 Arduino。
- 5 号开关：推上去时可以使用遥控器，拉下时不可以使用。
- 6 号开关：设置遥控器 ID 开关，推上去时可以设置，拉下时不可以设置。
- 7 号开关：推上去时可以使用开始键，拉下时不能使用。

④ INPUT/OUTPUT 输入 / 输出端口（1~16）：

- 功能转换开关 1~4 推上去时，可以使用 PORT1~12。
- 功能转换开关 1~4 拉下来时，可以使用 PORT1~16。
- PORT 1~8 为输入端口。
- PORT 9~16 为输出端口。

理解光敏传感器和LED

光敏传感器：也叫模拟环境光线传感器，是利用光线暗时拥有高电阻值，光线亮时拥有低电阻值的原理的传感器。

LED 灯：发光二极管，数码输出表现为 ON 和 OFF，或者看逻辑 0 和 1。

理解DC马达和伺服马达

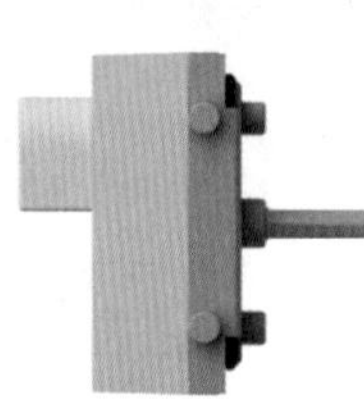

DC 马达：作为输出组件中的一个，拥有两个连接线 VCC(+) 和 GND(-)，根据方向连接正旋转和反旋转的马达。

伺服马达：作为输出组件中的一个，拥有三个连接线 VCC（+）、GND(-)、Signal（信号），被限制旋转范围的标准伺服马达，可以在 0~180 度范围内旋转。

目录

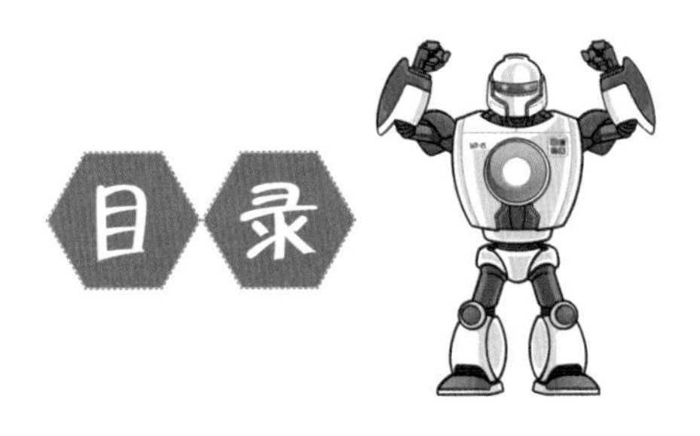

第1单元 保险箱搭建

学习目标

◎ 了解什么是保险箱。

◎ 了解机械密码保险箱和电子密码保险箱。

◎ 理解可变电阻在电路中的作用。

◎ 能够搭建保险箱模型。

◎ 能够正确连接主板和各元器件。

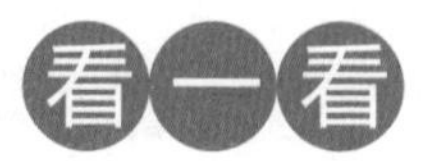

① 保险箱

图 1-1　保险箱

保险箱（图 1-1）用于保护贵重物品不受盗窃、火灾等损害。在电视电影作品中，经常有保险箱的身影。高度在 450mm（含 450mm）以下的叫保险箱，高度在 450mm（不含 450mm）以上的叫保险柜。箱体一般使用厚钢板一体成形。根据输入密码的不同方式，保险箱又分为机械密码保险箱和电子密码保险箱。

② 机械密码保险箱（图 1-2）

图 1-2　机械密码保险箱

③ 电子密码保险箱（图 1-3）

图 1-3　电子密码保险箱

④ 可变电阻

电阻在日常生活中的电路里无处不在。可变电阻 (图 1−4) 是一种电阻值可以调节的电阻。通过调整可变电阻的阻值，可以调整电路中灯的亮度强弱、电动机的转速快慢、声音强弱大小等。

图 1−4　可变电阻

① 本单元创意拼装目标：保险箱（图 1−5）。

图 1−5　保险箱模型

② 准备材料

按照表 1−1 所示的配件清单准备拼装材料，做好搭建准备。

表 1-1　配件清单

品名	图示	数量	品名	图示	数量
模块 1117		2 块	长螺钉	20mm	2 个
			中螺钉	16mm	16 个
模块 511		2 块	短螺钉	8mm	20 个
			螺母		14 个
模块 523		2 块	扬声器		1 个
AL 框架 13		5 块	可变电阻		1 个
AL 框架 15		3 块	伺服 horn		1 个
AL 框架 17		2 块			
90 度框架		2 块	伺服马达		1 个
AL 框架 27		2 块			
AL 框架 39		2 块	6V 电池夹		1 块
柱子模块 45		4 块	主板		1 个
柱子模块 23		2 块			
伺服架		2 个	伺服马达专用小螺钉		2 个

③ 动手搭一搭（图1-6）

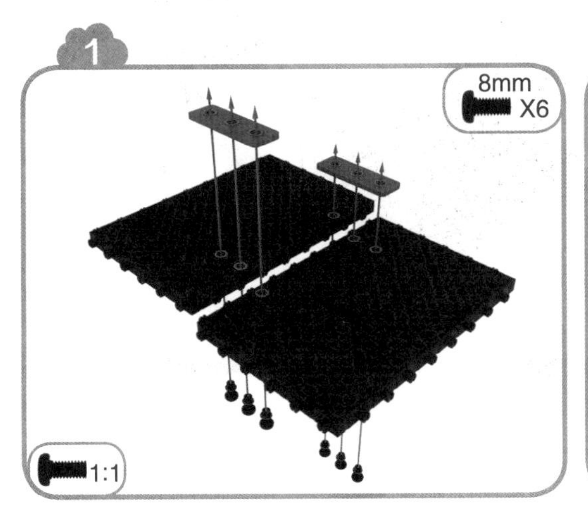
1
8mm
X6
1:1

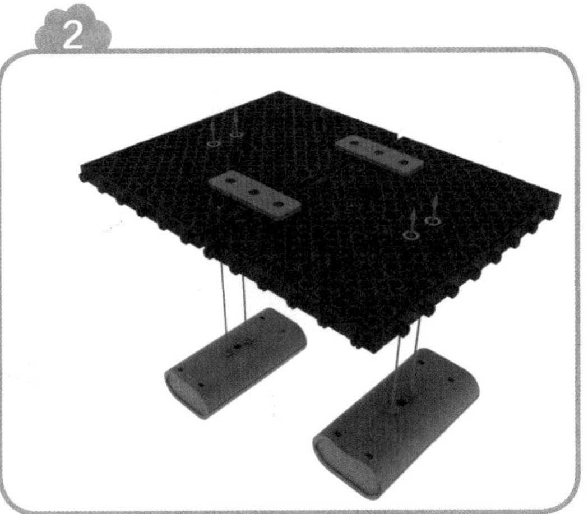
2

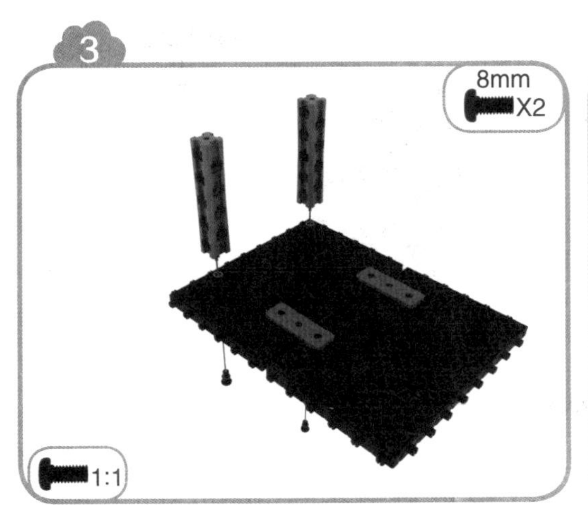
3
8mm
X2
1:1

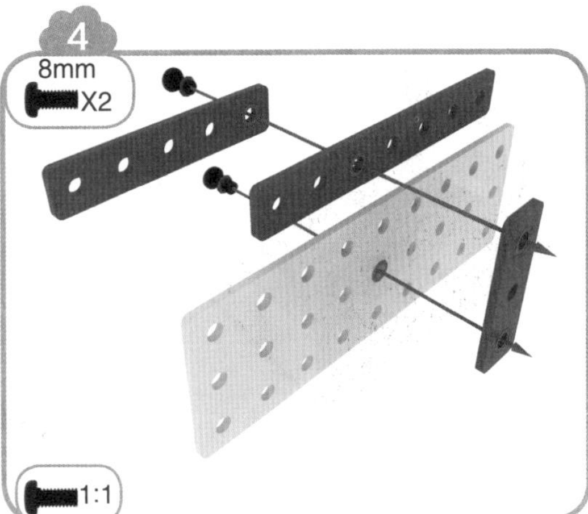
4
8mm
X2
1:1

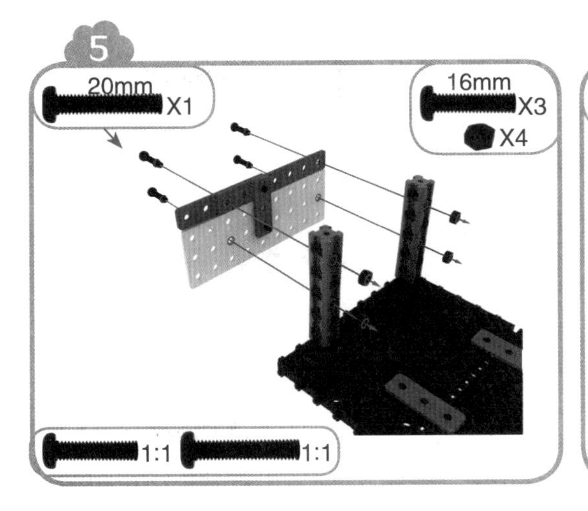
5
20mm
X1
16mm
X3
X4
1:1
1:1

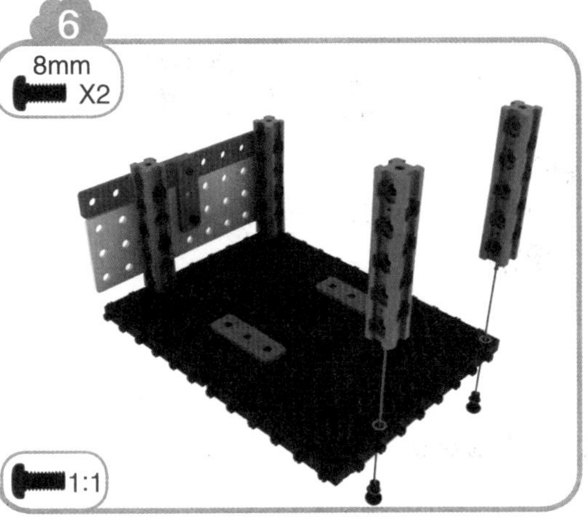
6
8mm
X2
1:1

7

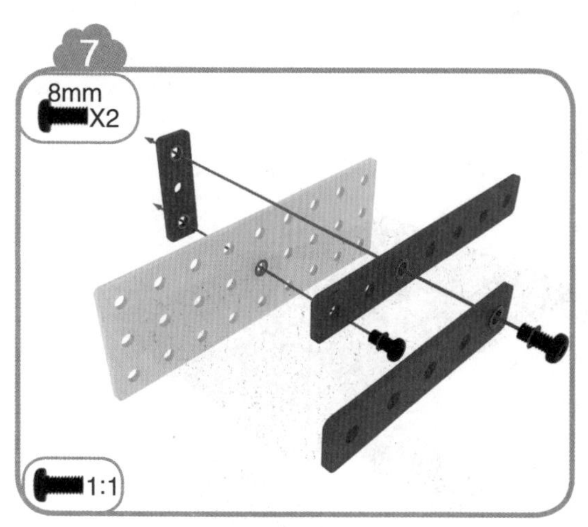
8mm
X2
1:1

8

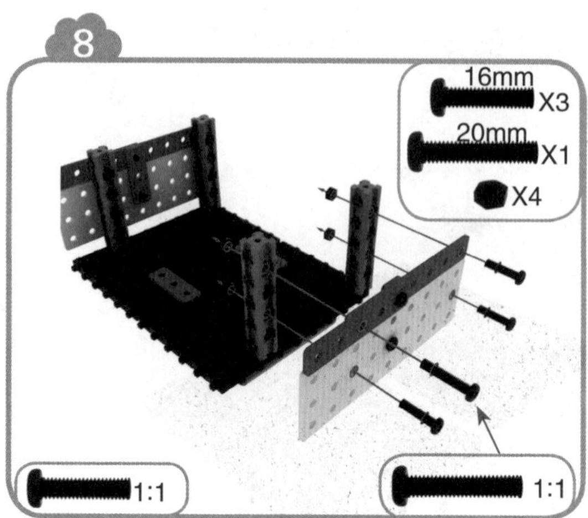
16mm
X3
20mm
X1
X4
1:1
1:1

9

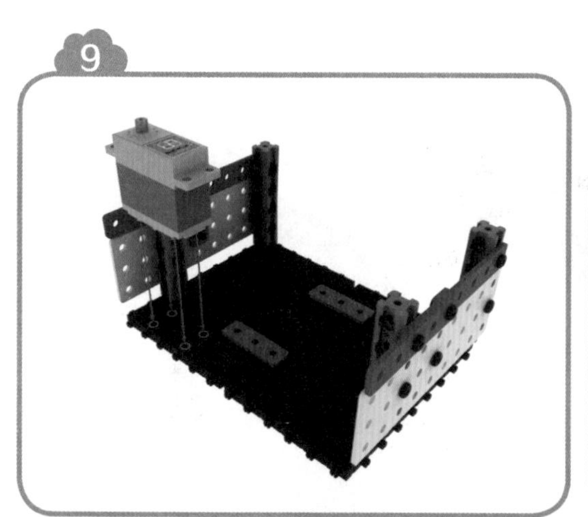

10

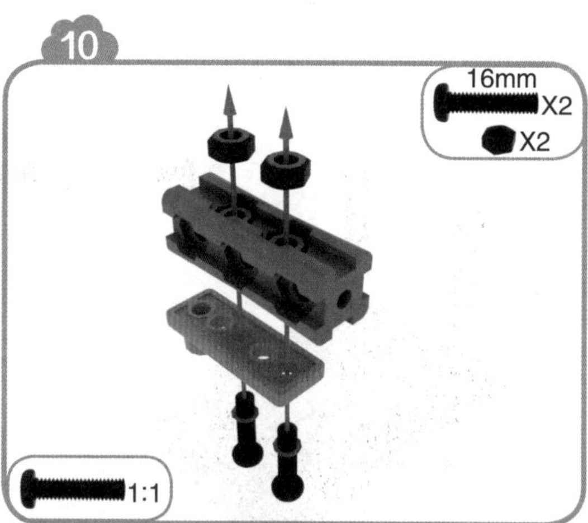
16mm
X2
X2
1:1

11

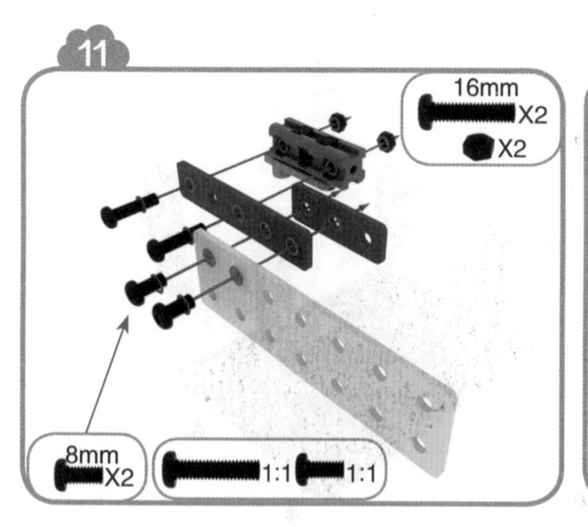
16mm
X2
X2
8mm
X2
1:1
1:1

12

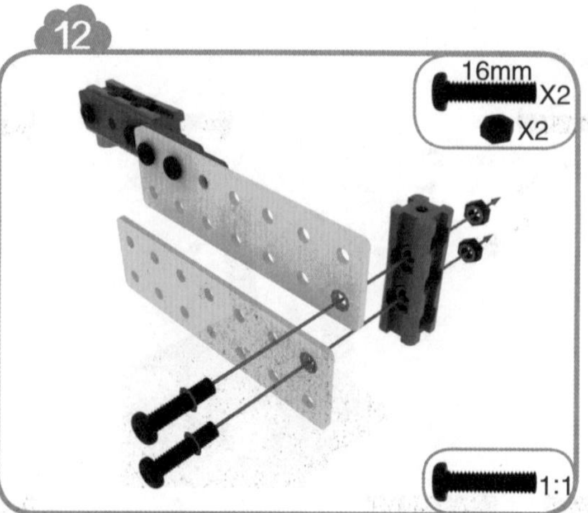
16mm
X2
X2
1:1

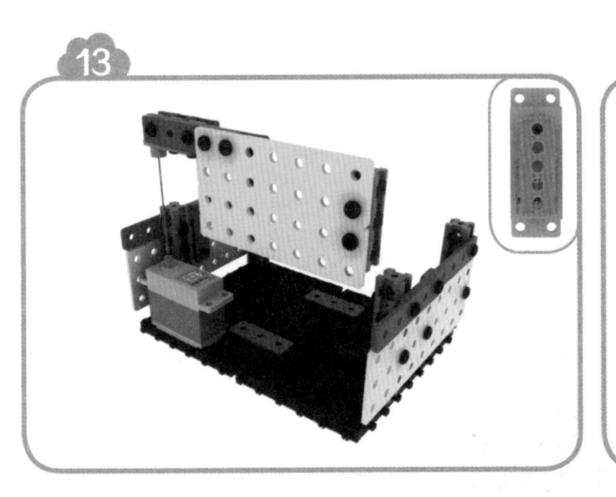

1. 使用伺服马达专用小螺钉将伺服 horn 安装到伺服马达上，注意伺服 horn 的方向。
2. 将伺服马达连接到主板相应的端口，如 Port9。
3. 编写如下程序上传到 MRT duino 后，关掉电源并重新打开。

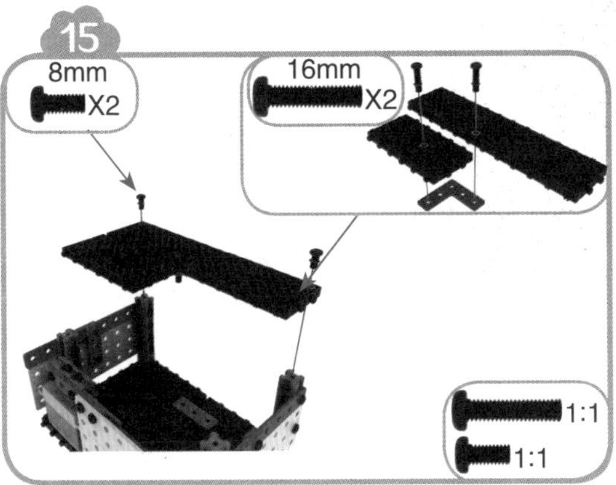

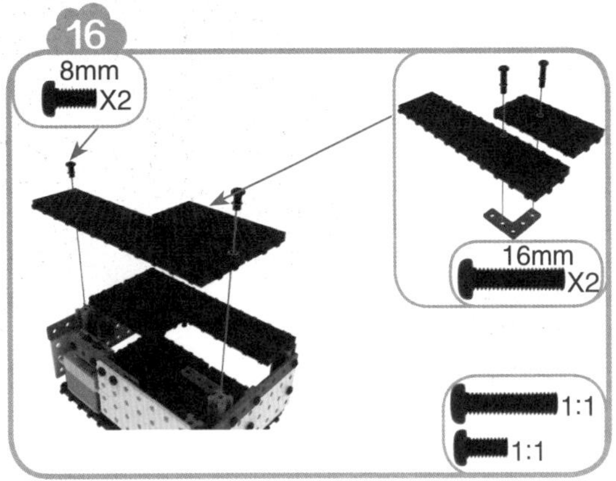

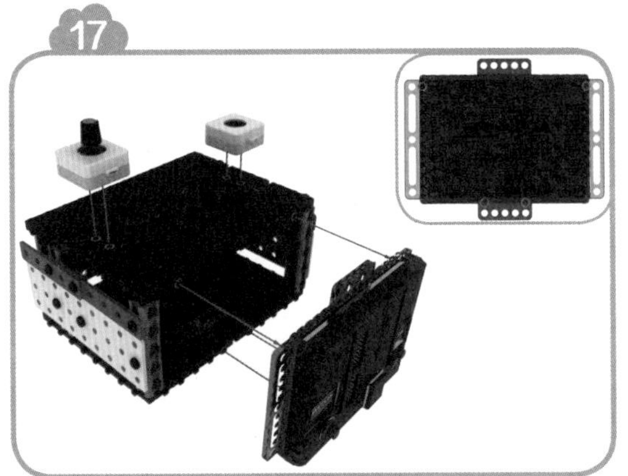

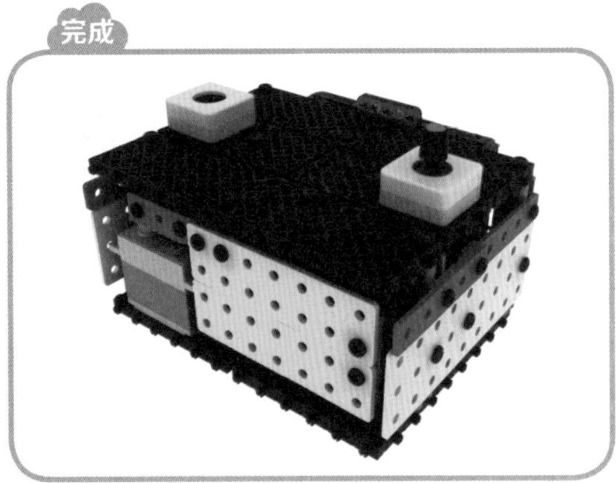

图 1-6　拼装步骤

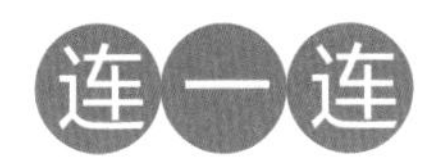

连接主板和组件，如图 1-7 所示。

（1）将 USB 线连接到计算机和主板。

（2）将可变电阻连接到 PORT5。

（3）将伺服马达连接到 PORT9。

（4）将扬声器连接到 PORT10。

（5）上传程序后连接 6V 电池夹。

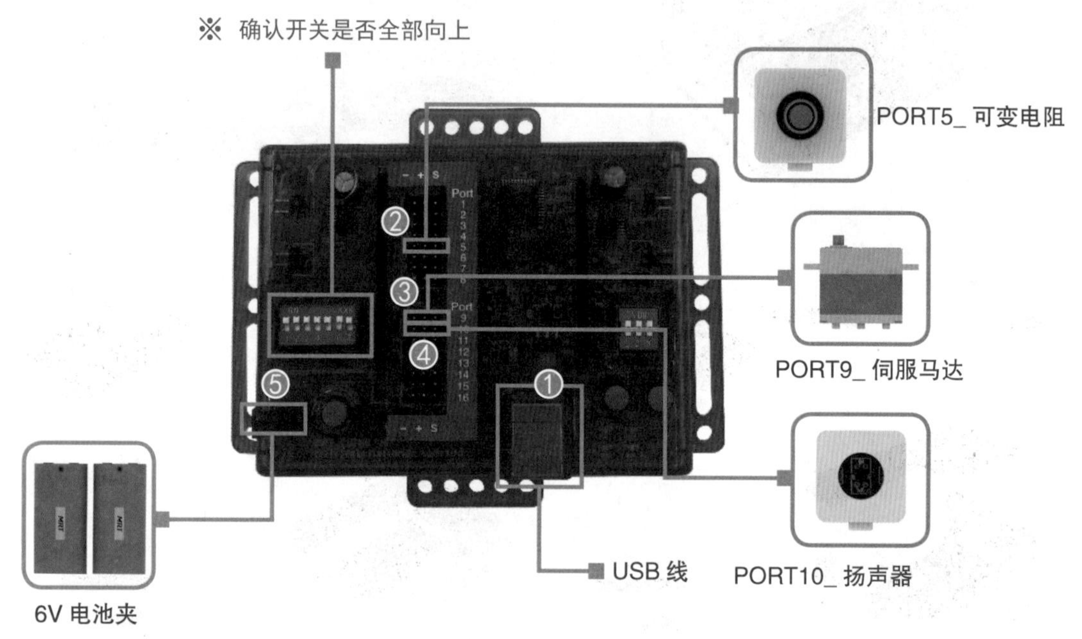

图 1-7　主板和组件连接配置图

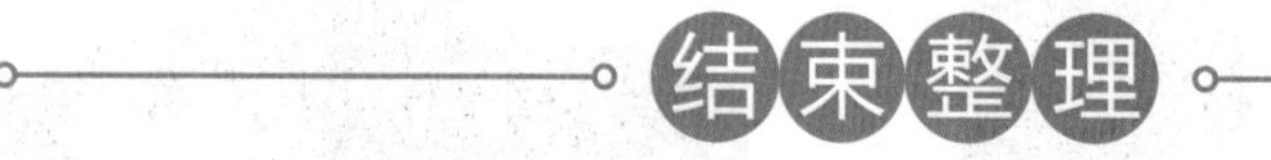

结束整理

（1）请将作品拍照、保存。

（2）请将 6V 电池夹关闭并拆下。

（3）请将电子元器件拆下。

（4）请将模型拆除。

（5）请将所有配件放回原位。

（6）对照表 1-1 所示配件清单清点配件。

第 2 单元 保险箱编程

学习目标

◎ 理解保险箱控制程序的逻辑。

◎ 能够编写出保险箱的控制程序。

◎ 了解什么叫实验方案。

◎ 能够进行讨论并得出可行方案。

逻辑解读

在第 1 单元搭建好的保险箱中，我们通过操作可变电阻的旋钮模拟保险箱门的密码旋钮，使用伺服马达控制保险箱门的开关。整个程序的设计思路为：当可变电阻旋转到特定的阻值区域后（本例设定的阻值区域为 500~520 欧），触发伺服马达开启箱门，然后等待 10 秒后，再次触发伺服马达关闭箱门。单次程序流程图如图 2-1 所示。

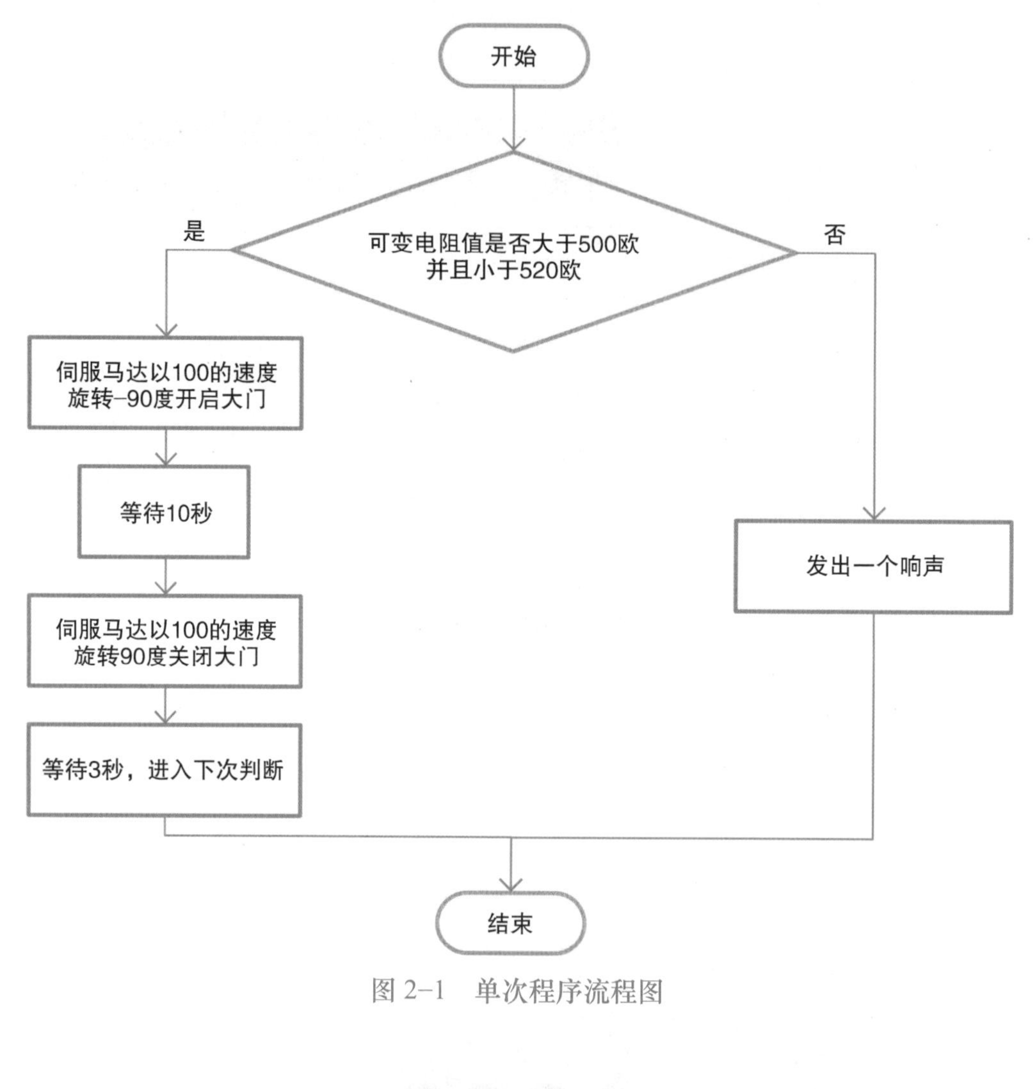

图 2-1　单次程序流程图

编程实现

1 分步编程

（1）判断：如果当前的可变电阻值大于 500 欧，并且小于 520 欧（图 2-2）。

图 2-2　判断

（2）伺服马达以 100 的速度旋转 −90 度，开启保险箱门（注意此处的负号不要忘记）（图 2−3）。

图 2−3　伺服马达开启保险箱门

（3）伺服马达以 100 的速度旋转 90 度，关闭保险箱门（图 2−4）。

图 2−4　伺服马达关闭保险箱门

② 整个流程的主程序（图 2−5）

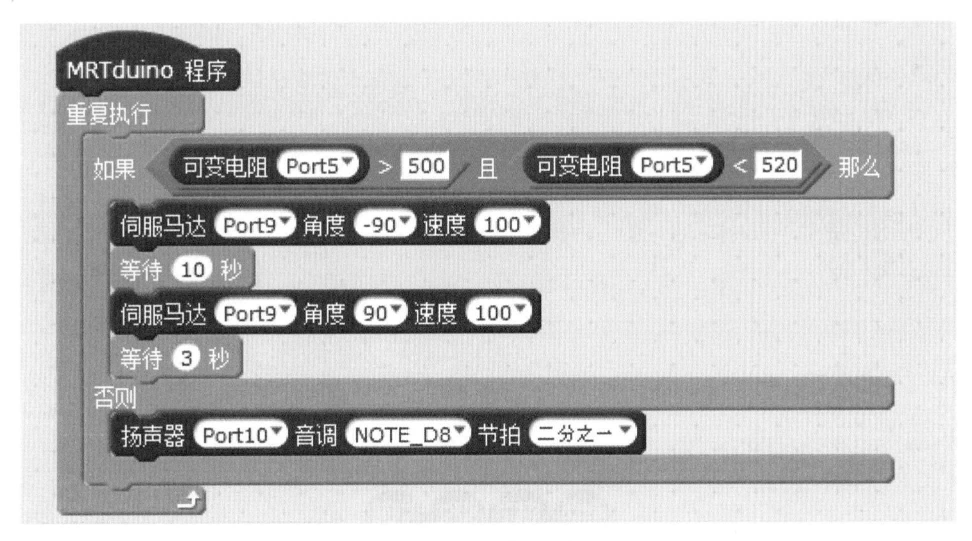

图 2−5　主程序

（1）本单元拼装的保险箱属于哪种保险箱？如何更改保险箱的“密码”呢？

（2）如何通过实验，测出“工具包”中的可变电阻的最小阻值是多少，最大阻值是多少？跟大家说说你的方案。

（3）对于如何测出“工具包”中的可变电阻的最大最小阻值，全班进行讨论，得出一种或多种可行的测量方案。

同学们分为不同小组，使用不同的方案测出可变电阻的最大最小阻值，并填写表 2-1。

表 2-1 测试方案

小组名称		小组成员	
方案说明 1. 先做什么。 2. 再做什么。 3. ……			
测试结果			
可变电阻最小值			
可变电阻最大值			
总结			

（1）请将作品拍照、保存。

（2）请将 6V 电池夹关闭并拆下。

（3）请将电子元器件拆下。

（4）请将模型拆除。

（5）请将所有配件放回原位。

（6）对照表 1-1 所示配件清单清点配件。

第3单元

学习目标

◎ 了解智能家居。

◎ 了解目前科技的发展状况，畅想未来。

◎ 能够根据现有的元器件及相关知识，改装优化模型。

大开眼界

我们的生活中充满着各种智能产品，如智能手机、智能音箱、智能家电、智能机器人等，这些产品使我们的生活更便利、更舒适，更满足个性化需求。

智能家居就是通过互联网技术、物联网技术（图 3-1）还有人工智能等各种技术，将家中的各种电器等连接到一起，营造更适合居住的空间。

图 3-1 物联网

例如，可以在自己开车离开办公室的时候，智能家居系统根据路程时间和目的地，自动提前打开家里的空调，等回到家里后就可以进入温度适宜的房间。

又比如，可以在家里想起什么事情的时候，告诉智能家居助手，它能自动将想起的事情安排进日程。或者，智能冰箱自动根据冰箱里剩余食物量和主人平时消费习惯，将需要购买的食物在网店下单购买。

智能家居可以监测家里的光线亮度，自动调整到最适合人眼的亮度。根据家中人的活动情况，自动打开或关闭家里的照明。

现在智能音箱也出现了，它能够识别主人的语音，自动播放主人喜欢的音乐。在不久的将来，也许智能音箱还能根据主人的情绪状态，自动挑选适合的音乐呢。

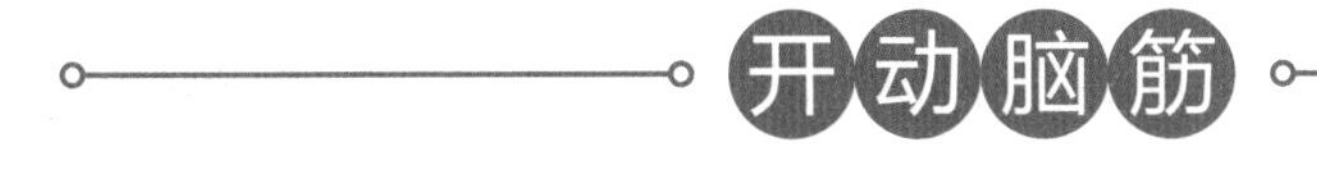

（1）你对智能家居有怎样的设想呢？你想让你的家如何更好地为你服务？

（2）在第 1 单元中，我们在保险箱上装了一个扬声器，你想如何使用它？

（3）在第 1 单元中，我们搭建的保险箱的门为侧开门，你可以将保险箱的门改成向上翻开吗？如何改成向下翻开呢？在日常生活中，你见过哪些物品具有上翻或下翻打开的门呢？

（1）请将作品拍照、保存。

（2）请将 6V 电池夹关闭并拆下。

（3）请将电子元器件拆下。

（4）请将模型拆除。

（5）请将所有配件放回原位。

（6）对照表 1-1 所示配件清单清点配件。

第 4 单元 节拍器搭建

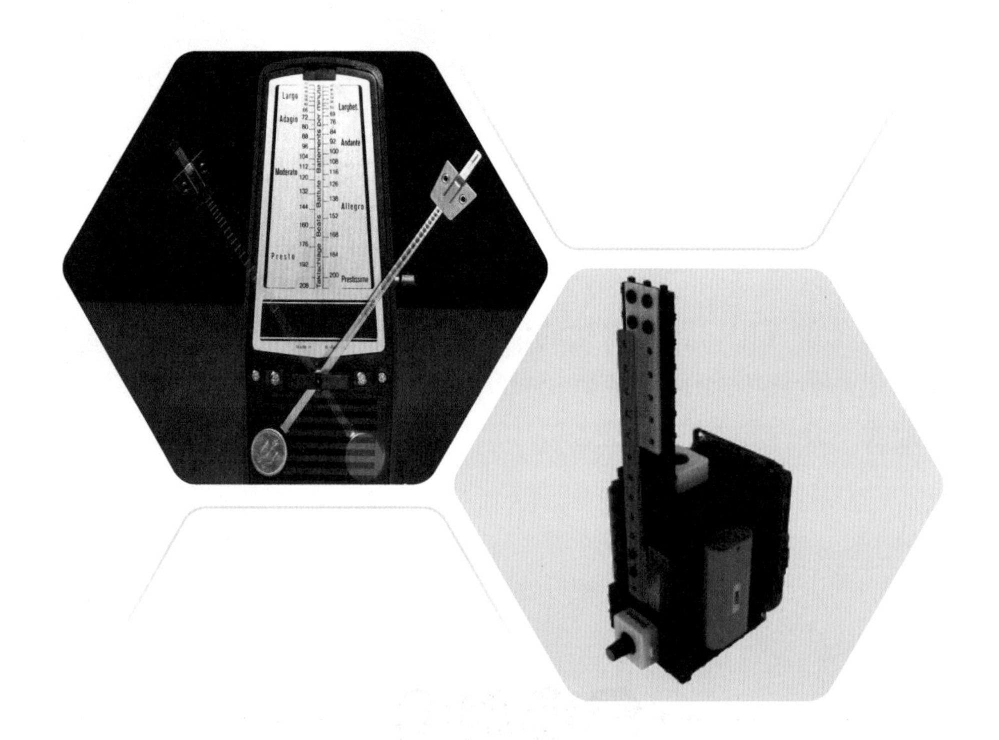

 学习目标

◎ 了解节拍器的作用。

◎ 了解节拍器的使用方法。

◎ 了解钟摆原理。

◎ 能够搭建节拍器模型。

◎ 能够正确连接主板和各元器件。

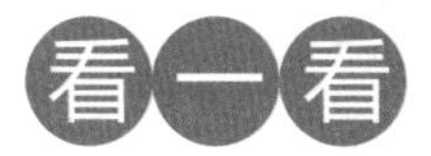

① 节拍器

节拍器（图 4−1）是一种能发出稳定节拍的装置。它可以用于乐器练习甚至演奏中。在乐器练习中，它可以帮助学习者更好地掌握节拍，了解自身的熟练度；在演奏中，可以帮助演奏者更好地把握乐曲的速度。例如，有的乐曲的速度需要比较快，如进行曲等，有的乐曲的速度需要比较慢，如催眠曲等。节拍器还可以用来调节各演奏者之间的协作，这样不同的演奏者才能以同样的速度进行演奏。

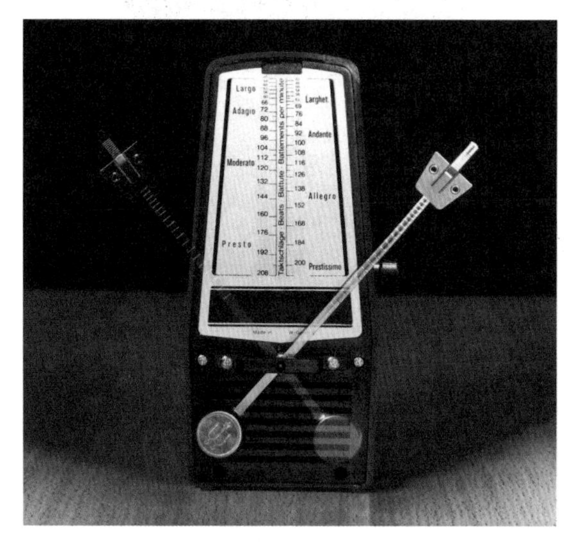

图 4−1　节拍器

节拍器有机械的，有电子的，最早出现的节拍器是机械装置。机械式节拍器是根据钟摆原理制成的，它的动力来自于发条。

② 节拍器的使用

机械式节拍器使用时需上紧发条。

在节拍器的背面，通过拉杆（图 4−2）设置节拍器的每小节拍数。可以设置为 2，3，4，6，分别对应 2/4，3/4，4/4，6/8，即分别是 4 分音符为一拍，每小节 2 拍、3 拍、4 拍以及 8 分音符为一拍，每小节 6 拍。

在标度板（图 4−3）上，选择节拍速度。一般节拍器的标度在 40~200 之间，表示每分钟 40 拍 ~ 每分钟 200 拍，数字越大，节奏越快。标度板上的英语单词也表示节拍速度。

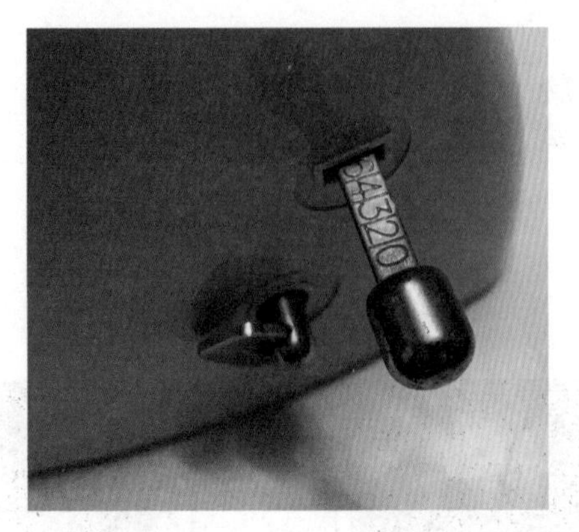

图 4-2　节拍器拉杆

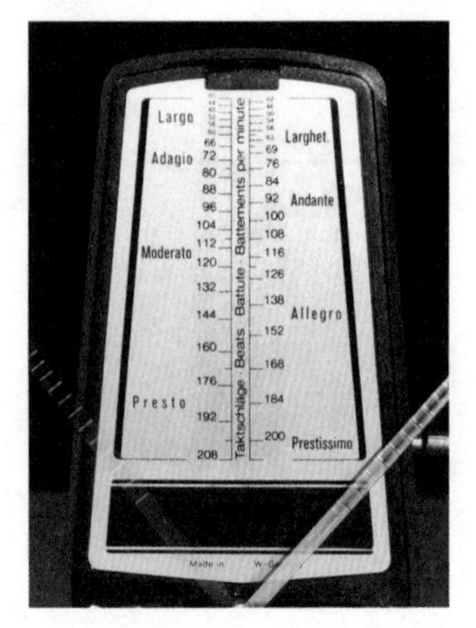

图 4-3　标度板

③ 钟摆原理

钟摆原理是由伟大的意大利科学家伽利略发现的。传说在伽俐略 18 岁的时候，有一次他到教堂去做礼拜，却注意到教堂里悬挂的那些长明灯被风吹得一左一右有规律地摆动。他按着自己脉搏来计时，发现它们来回运动所需的时间总是一样的，这就是钟摆原理。

动手实现

① 本单元创意拼装目标：节拍器（图 4-4）。

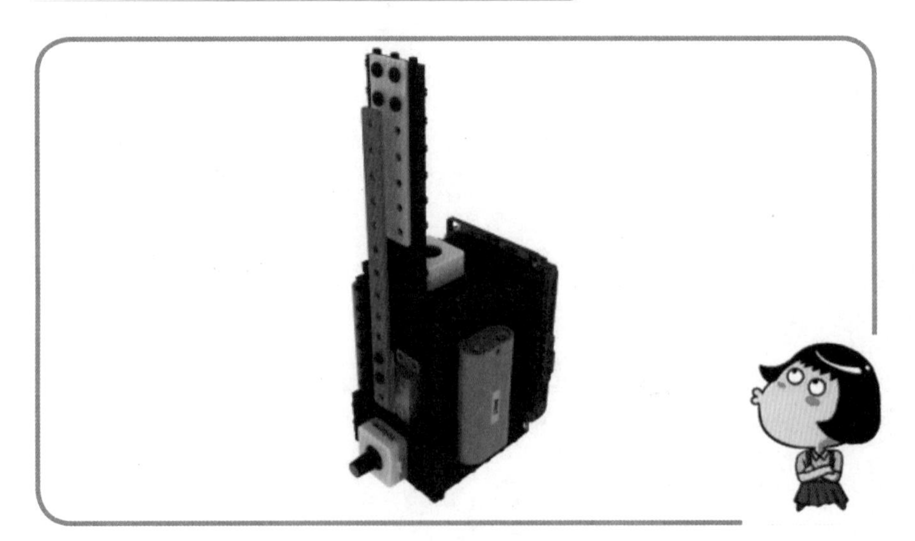

图 4-4　节拍器模型

② 准备材料

按照表 4-1 所示的配件清单准备拼装材料，做好搭建准备。

表 4-1　配件清单

品名	图示	数量	品名	图示	数量
模块 1117		2 块	可变电阻		1 个
模块 511		4 块	伺服 horn		1 个
模块 523		1 块	伺服马达		1 个
AL 框架 27		1 块	6V 电池夹		1 块
AL 框架 113		1 块			
中螺钉	16mm	4 个	主板		1 个
螺母		6 个			
短螺钉	8mm	2 个			
扬声器		1 个			
伺服架		2 个	伺服马达专用小螺钉		2 个

③ 动手搭一搭（图 4-5）

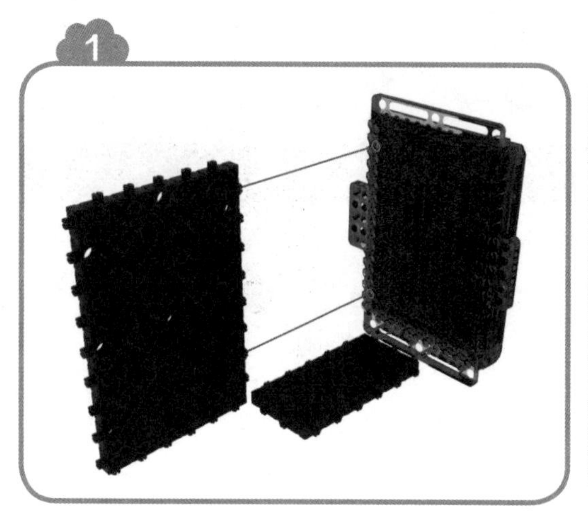

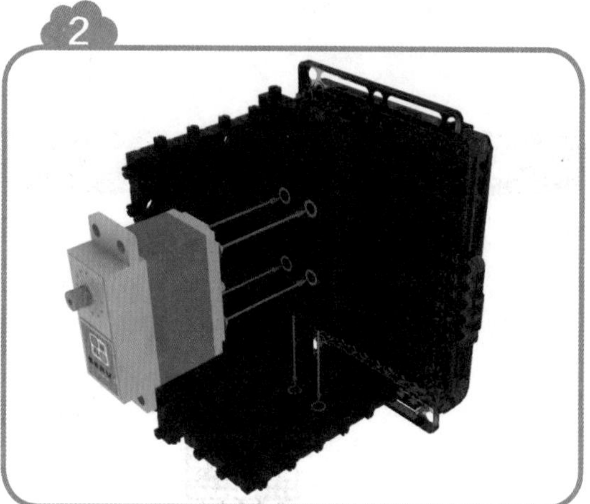

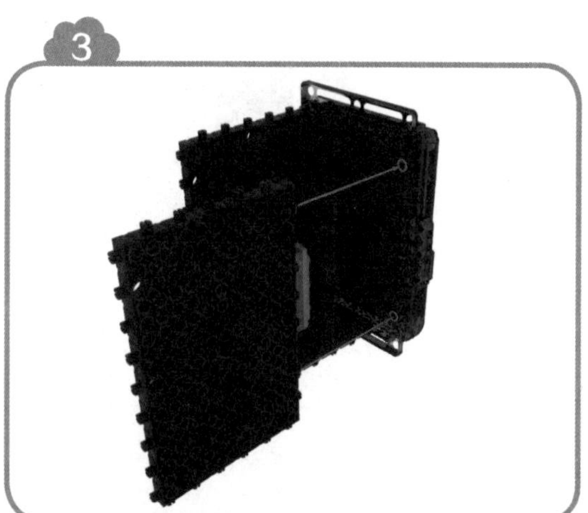

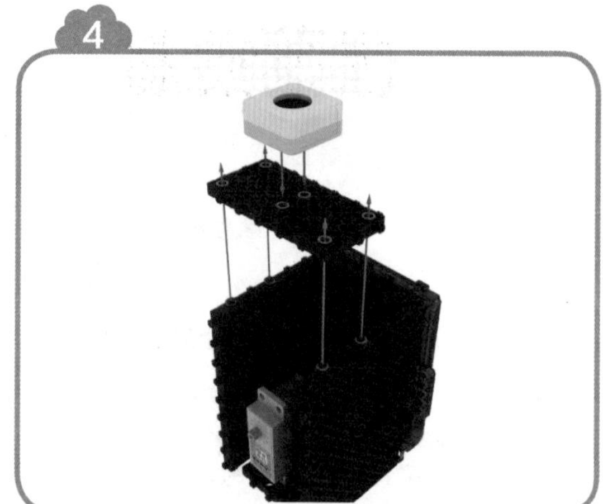

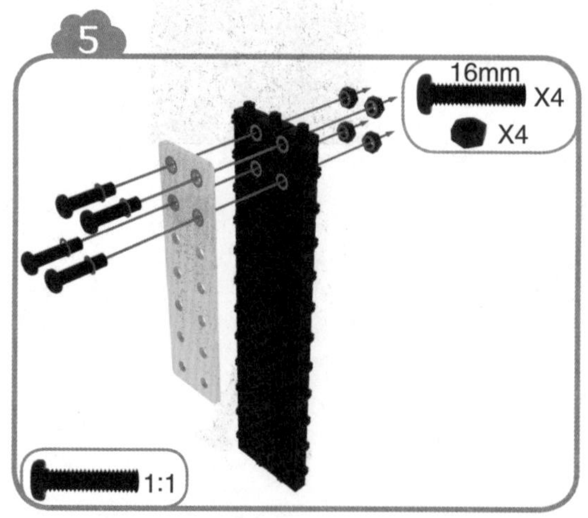

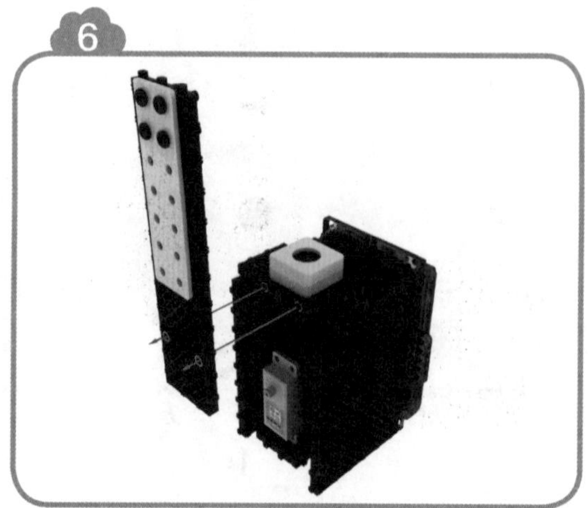

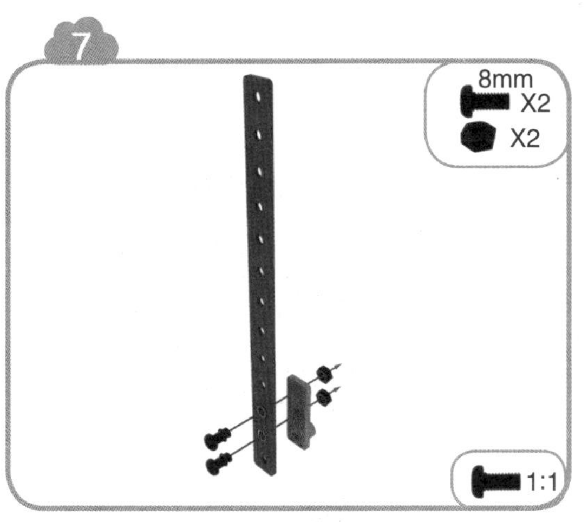

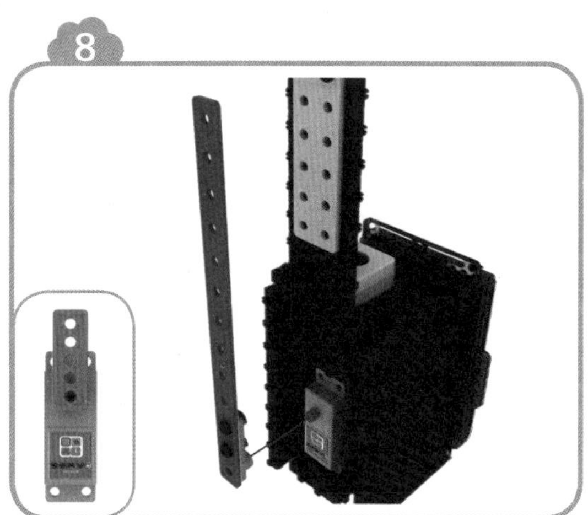

1. 使用伺服马达专用小螺钉将伺服 horn 安装到伺服马达上，注意伺服 horn 的方向。
2. 将伺服马达连接到主板相应的端口，如 Port9。
3. 编写如下程序上传到 MRT duino 后，关掉电源并重新打开。

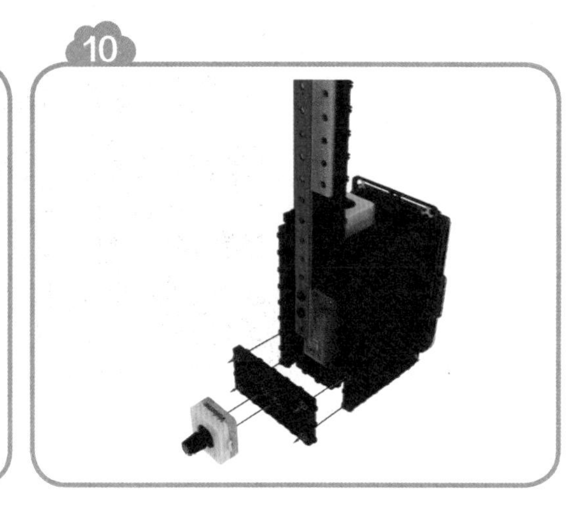

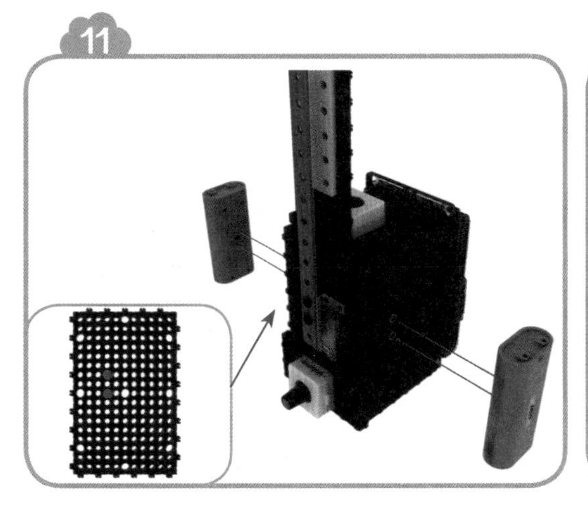

图 4-5　拼装步骤

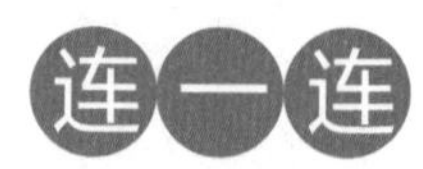

连一连

主板和组件连接，如图 4-6 所示。

（1）使用 USB 线连接计算机和主板。

（2）将可变电阻连接到 PORT5。

（3）将伺服马达连接到 PORT9。

（4）将扬声器连接到 PORT10。

（5）将程序上传到主板后，拔下 USB 线，再连接 6V 电池夹。

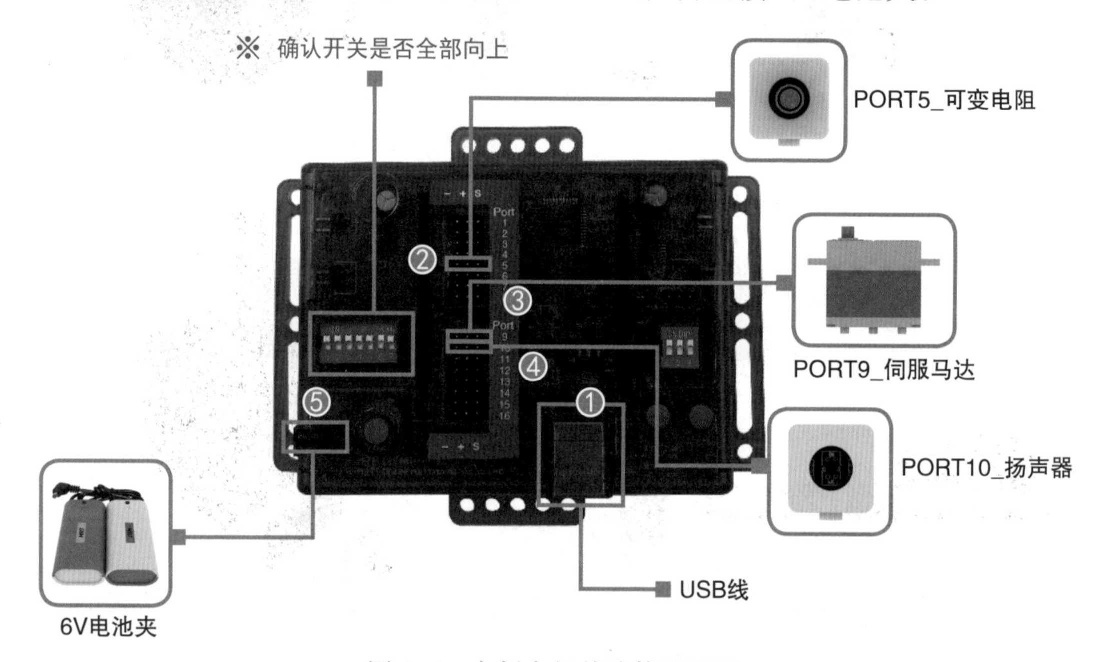

图 4-6　主板和组件连接配置图

结束整理

（1）请将作品拍照、保存。

（2）请将 6V 电池夹关闭并拆下。

（3）请将电子元器件拆下。

（4）请将模型拆除。

（5）请将所有配件放回原位。

（6）对照表 4-1 所示配件清单清点配件。

第 5 单元

学习目标

◎ 理解节拍器的编程逻辑。

◎ 能够编程实现节拍器功能。

◎ 理解程序中的变量的作用。

◎ 理解程序各部分的作用和意义。

逻辑解读

节拍器摆针摆动的角度是不变的，摆针的速度会随着标度板上设置的速度不同而发生变化。利用 Scratch 编程主板可以实时获取可变电阻阻值这一特性，我们可以借助可变电阻控制伺服马达摆针摆动的速度。先由当前可变电阻的阻值除以 10，得到的结果如果小于 10，就设定为太慢，让摆针停止摆动；如果得到的结果大于 10，则摆针以得到的结果为速度左右摆动，并发出声响。这一过程的程序流程如图 5-1 所示。

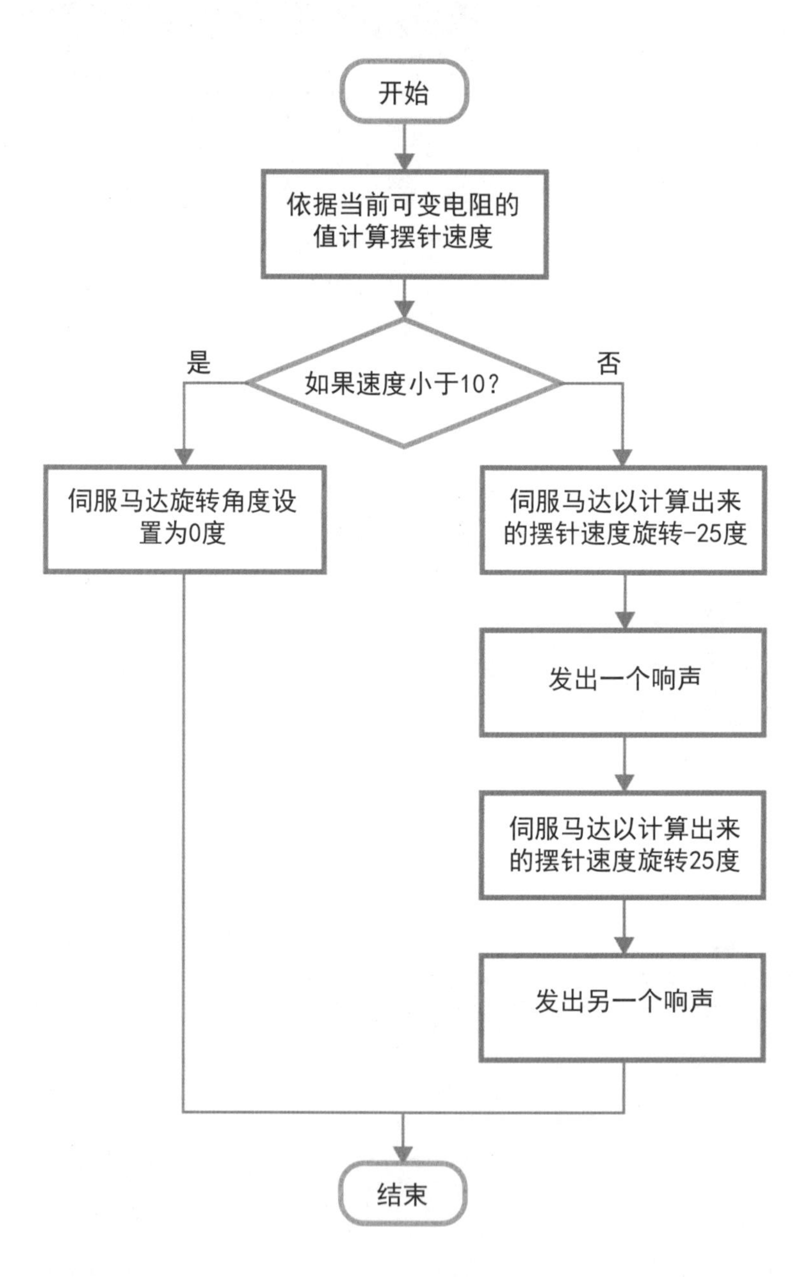
开始
依据当前可变电阻的值计算摆针速度
如果速度小于10?
是
否
伺服马达旋转角度设置为0度
伺服马达以计算出来的摆针速度旋转-25度
发出一个响声
伺服马达以计算出来的摆针速度旋转25度
发出另一个响声
结束

图 5-1　程序流程图

编程实现

① 新建一个变量“速度”（图 5-2）

图 5-2　创建变量

② 完整程序（图 5-3）

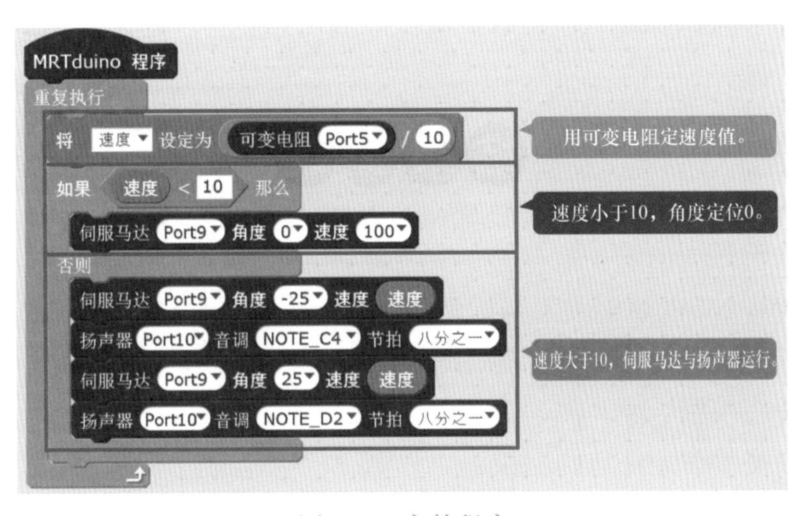

图 5-3　完整程序

（1）可以用什么方法来计算当前节拍器的每分钟节拍数？

（2）在设置扬声器音调时，选择的 NOTE_C4、NOTE_D2 各是什么意思呢？能够改变吗？

（1）请用你想出的每分钟节拍数的计算方法，填写表 5–1。

表 5–1　计算节拍数

小组名称		小组成员	
方案说明 1. 先做什么。 2. 做什么。 3. ……			
测试结果			
最低节拍（拍 / 分钟）			
最高节拍（拍 / 分钟）			

（2）有没有办法调高最高节拍数？最高可以到多少？动手试一试。

（3）能不能调低最低节拍数？最低能够调到多少？动手试一试。

（1）请将作品拍照、保存。

（2）请将 6V 电池夹关闭并拆下。

（3）请将电子元器件拆下。

（4）请将模型拆除。

（5）请将所有配件放回原位。

（6）对照表 4–1 所示配件清单清点配件。

第 6 单元 节拍器创意

学习目标

◎ 了解计算机 CPU 的主频。

◎ 了解集成电路。

◎ 能够根据节拍器进行创意搭建。

大开眼界

1 计算机中的节拍

我们的程序由指令和数据组成。例如，在所搭建的节拍器中，指挥伺服马达旋转就是一条指令，可变电阻的值就是一个数据。计算机的中央处理器也就是 CPU（图 6-1）会执行指令，处理数据。由于计算机中的运算非常多，而且非常复杂，因此，也需要有节拍来统一执行的速度，不然就会乱套。

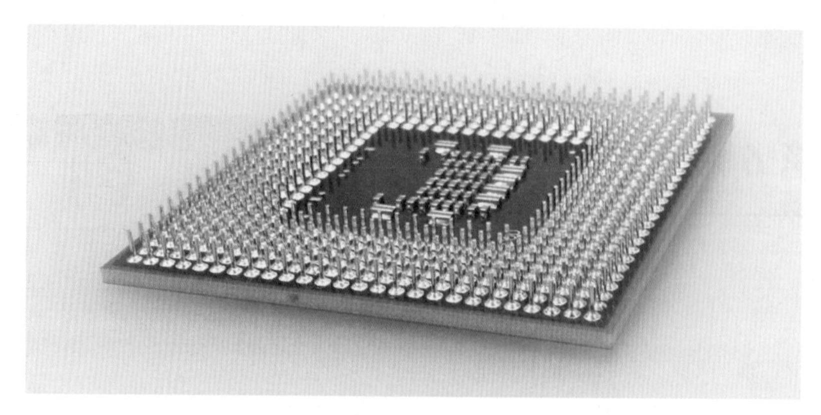

图 6-1　CPU

计算机中的节拍叫频率，计算机的大脑——CPU 的频率叫主频。CPU 的主频的单位是兆赫兹（MHz）、吉赫兹（GHz）。赫兹是每秒的“节拍”数，也就是说，CPU 内部的节拍数，达到每秒 1000 000“拍”到每秒 1000 000 000“拍”。目前市面上在售的 CPU 主频很高，如英特尔 I7 9700 的主频为 3.6 吉赫兹。

② CPU

计算机中的大脑 CPU 是一块数字集成电路板（图 6-2）。在这一块小小的方形电路板上，其实放置了成千上万个电子元器件。在不同的元器件之间，都有电子线路连接。所有的“节拍”，就以电子脉冲的形式跳跃在电路上。

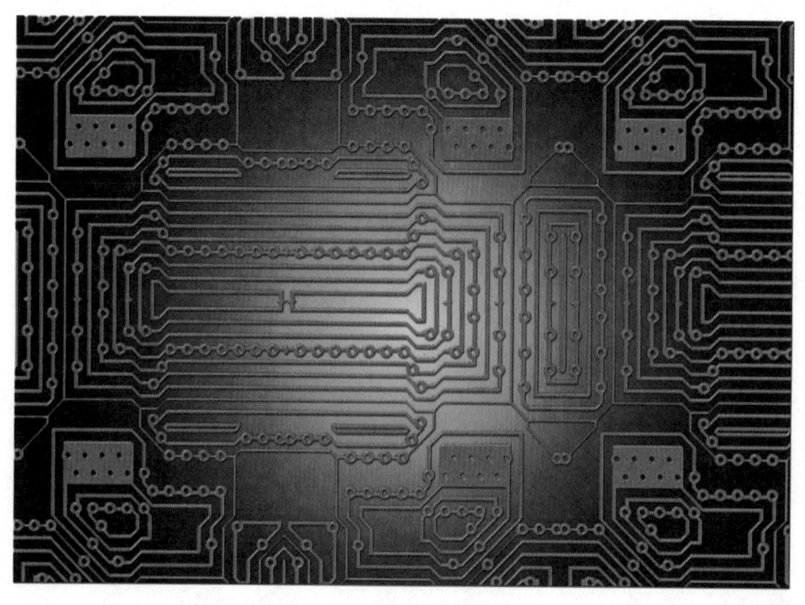

图 6-2　集成电路板

开动脑筋

（1）你能将这个节拍器改造成其他日常用品吗？

（2）你能利用伺服马达，制作只有分针的钟吗？

结束整理

（1）请将作品拍照、保存。
（2）请将 6V 电池夹关闭并拆下。
（3）请将电子元器件拆下。
（4）请将模型拆除。
（5）请将所有配件放回原位。
（6）对照表 4-1 所示配件清单清点配件。

第7单元 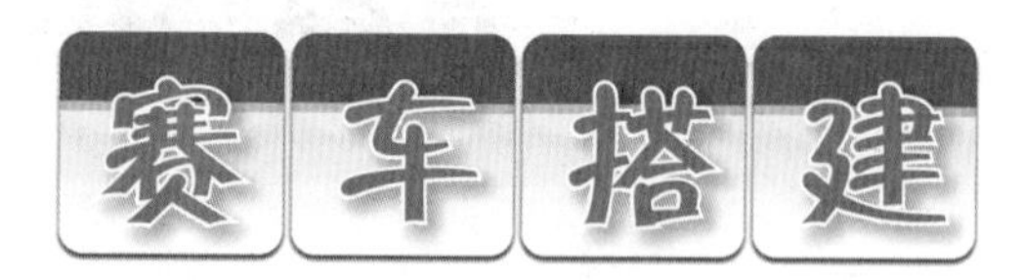

学习目标

◎ 了解高速物体碰撞的危害。

◎ 了解高空坠物的预防措施。

◎ 了解 F1 方程式赛车。

◎ 了解汽车底盘的重要性。

◎ 能够搭建赛车模型。

◎ 能够正确连接主板和各元器件。

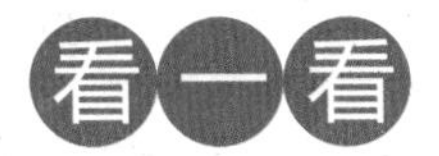

① 高空坠物的危险

高楼施工现场、阳台楼顶掉下或丢下物品，夏天刮台风、下暴雨时吹掉广告牌、玻璃外墙等，都会对地面的人员造成伤害，而且危害极大。

为什么高空坠物会造成如此大的破坏呢？

因为物体，特别是密度比较大的物体，如电池、苹果、玻璃、钉子等，在下落过程中速度会越来越快。掉落的楼层越高，速度加快得越多。最后，落地砸到人的时候，就相当于人以这么快的速度撞上这些物体。快到什么程度呢？例如一根钉子，从 1.2 米的高度落到地面，速度可达到 17.3 千米 / 时。普通的自行车行驶速度约为 15~18 千米 / 时。也就是说，一根钉子从 1.2 米的地方掉落下来，就相当于人骑着自行车撞向钉子。如果这根钉子从高 21 米的地方掉落，到达地面时速度约为 73 千米 / 时，也就是相当于我们开着汽车在高速公路上撞向一根钉子，所能造成的危害难以想象。

因此，同学们要注意以下几点，合力打造一个更安全的居住环境，保护自身安全。

- 不要往楼下扔任何物体。
- 不要在阳台上放置会掉下去的任何物体。
- 不要在大风暴雨天气时外出。

② 赛车的技术

赛车（图 7−1）的最高时速为 315 千米 / 时，如果高速行驶的赛车之间发生碰撞，对赛车手及观众都会造成危险，所以赛车的安全性要求非常高，以致造价高得惊人。例如，目前世界上速度最快的格兰披治一级方程式（F1）大赛中，每辆赛车的价值超过 7 000 000 美元，差不多相当于一架小型飞机的价值。F1 一级方程式大赛，不仅是赛车手勇气、驾驶技术和智慧的竞争，更是各国各大汽车公司之间科学技术的竞争，可以说是“高科技奥运会”。

图 7-1　赛车

要注册成为 F1 赛事的车队，必须具备生产制造赛车底盘的能力。F1 赛事目前注册的车队总共有 10 支，分别是梅赛德斯、雷诺、迈凯轮 - 本田、法拉利、威廉姆斯、红牛、红牛青年、印度力量、哈斯和索伯。

一辆汽车，除了引擎、轮胎和车身外壳的部分，几乎都属于底盘。底盘上有控制方向的部件、刹车的部件、带动轮子转动的部件、引擎驱动的部件，它是一辆汽车最重要的部分。方程式赛车还要求，当赛车以 50 千米 / 时的速度撞向水泥墙时，驾驶舱要完好无损。

① 本单元创意拼装目标：赛车（图 7-2）。

图 7-2　赛车模型

2 准备材料

按照表 7-1 所示的配件清单准备拼装材料，做好搭建准备。

表 7-1 配件清单

品名	图示	数量	品名	图示	数量
模块 1117		2 块	蓝护帽		10 个
模块 511		3 块	小护帽		5 个
模块 523		1 块	小齿轮		2 个
31mm 钢轴		3 个	大齿轮		2 个
44mm 钢轴		2 个	小轮子		1 个
圆框架		2 块	光敏传感器		1 个
90 度框架		1 块	可变电阻		1 个
AL 框架 113		1 块	伺服 horn		1 个
AL 框架 17		2 块	伺服马达		1 个
AL 框架 15		4 块	DC 马达		2 个
AL 框架 13		3 块	6V 电池夹		1 块
柱子模块 23		6 块			
短螺钉	8mm	7 个			
中螺钉	16mm	10 个	主板		1 个
长螺钉	20mm	6 个			
螺母		6 个			
伺服架		2 个	伺服马达专用小螺钉		2 个

③ 动手搭一搭（图 7–3）

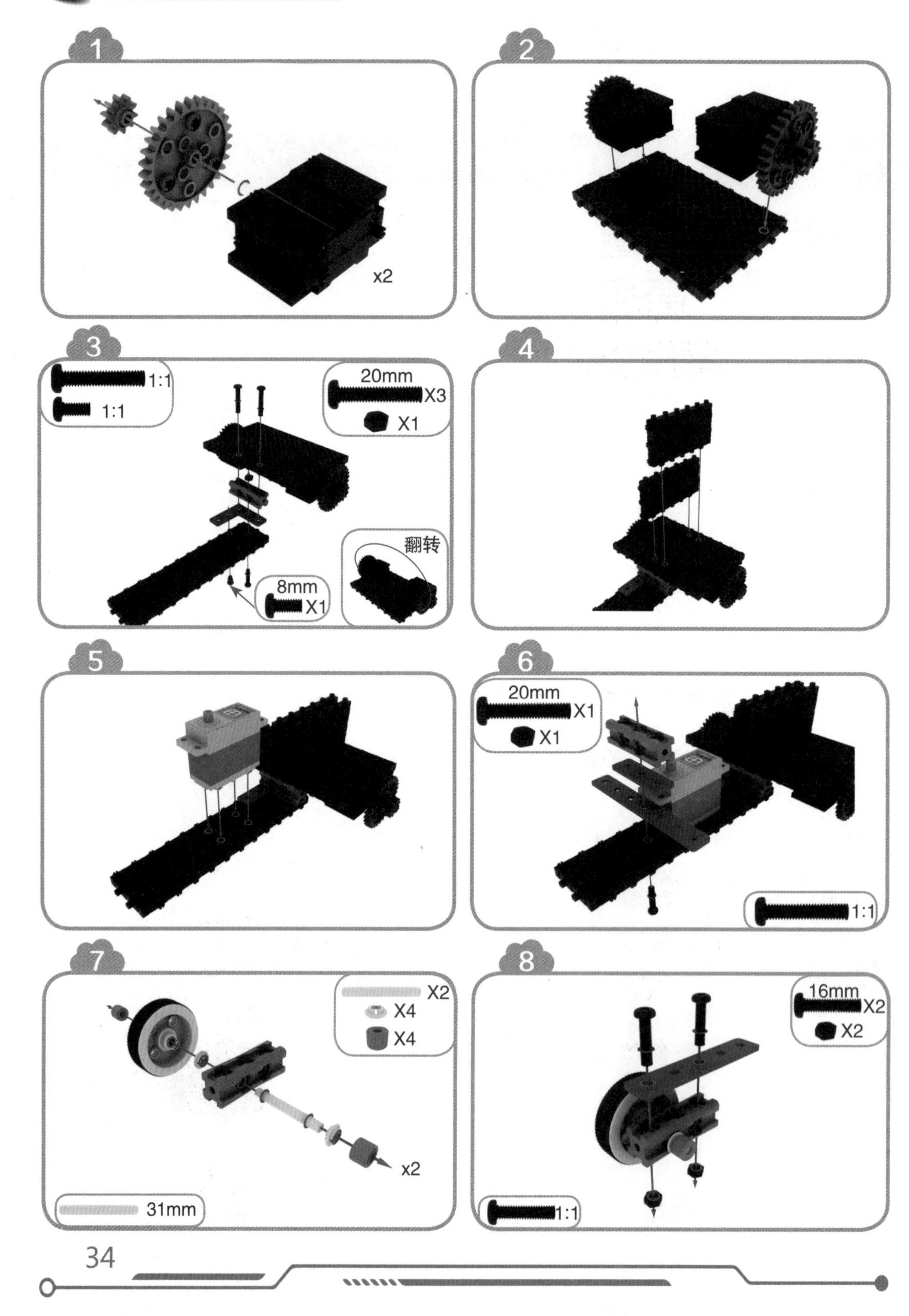

1
x2
2
3
1:1
1:1
20mm
X3
X1
8mm
X1
翻转
4
5
6
20mm
X1
X1
1:1
7
X2
X4
X4
x2
31mm
8
16mm
X2
X2
1:1

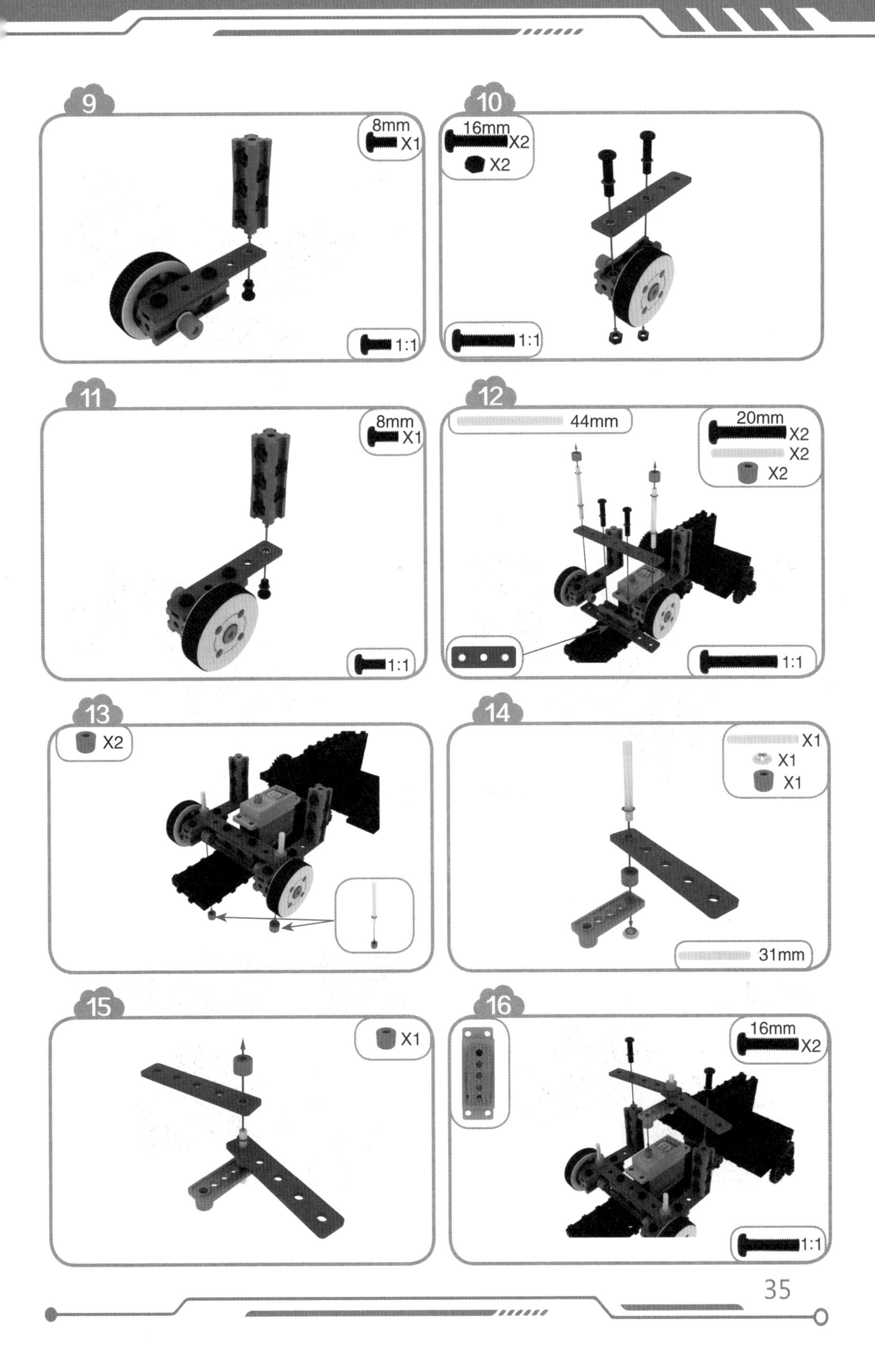
9
8mm
X1
1:1
10
16mm
X2
X2
1:1
11
8mm
X1
1:1
12
44mm
20mm
X2
X2
X2
1:1
13
X2
14
X1
X1
X1
31mm
15
X1
16
16mm
X2
1:1

17

1. 使用伺服马达专用小螺钉将伺服 horn 安装到伺服马达上，注意伺服 horn 的方向。
2. 将伺服马达连接到主板相应的端口，如 Port9。
3. 编写如下程序上传到 MRT duino 后，关掉电源并重新打开。

18

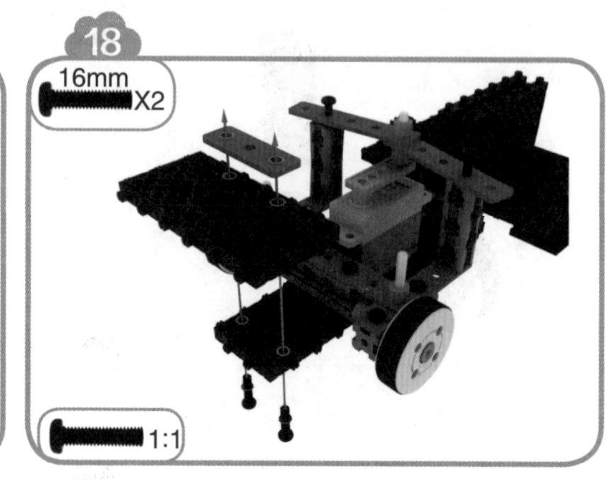

19

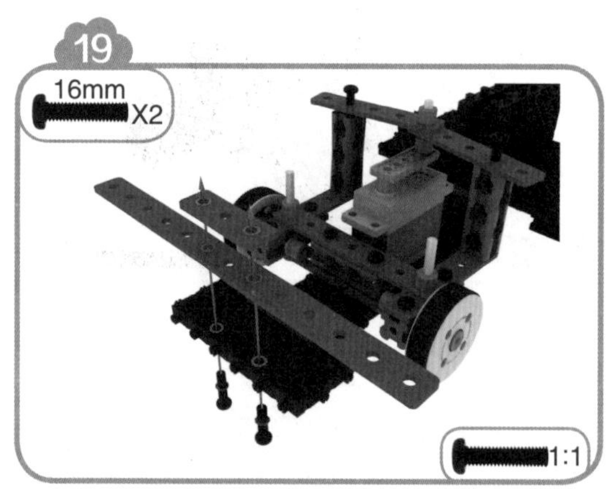

20

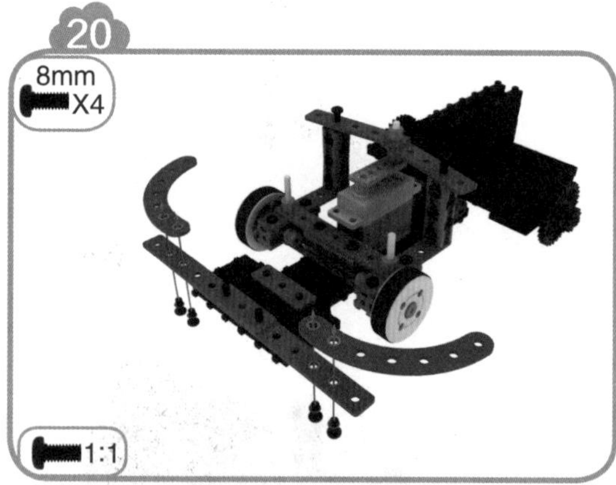

21

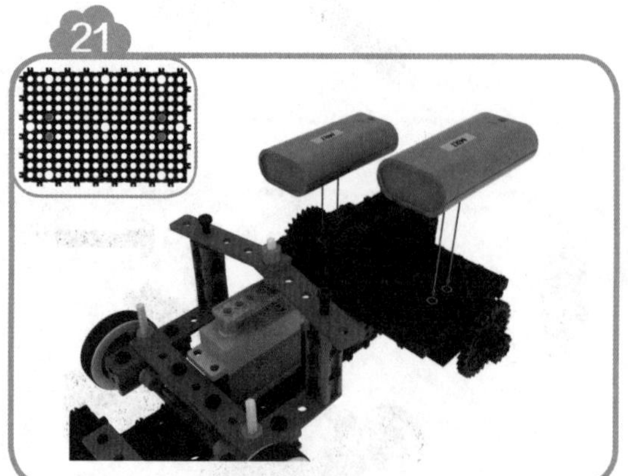

22

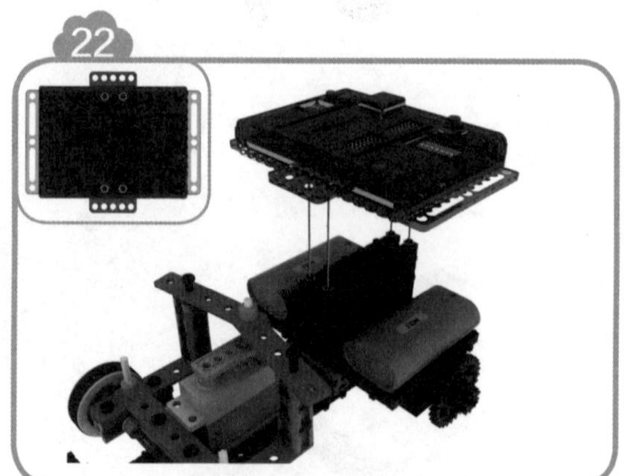

图 7-3　拼装步骤

主板和组件连接，如图 7-4 所示。

（1）使用 USB 线连接计算机和主板。

（2）将可变电阻连接到 PORT5。

（3）将伺服马达连接到 PORT9。

（4）将光敏传感器连接到 PORT1。

（5）将左 DC 马达连接到 ML1 PORT。

（6）将右 DC 马达连接到 MR1 PORT。

（7）将程序上传到主板后，拔下 USB 线，再连接 6V 电池夹。

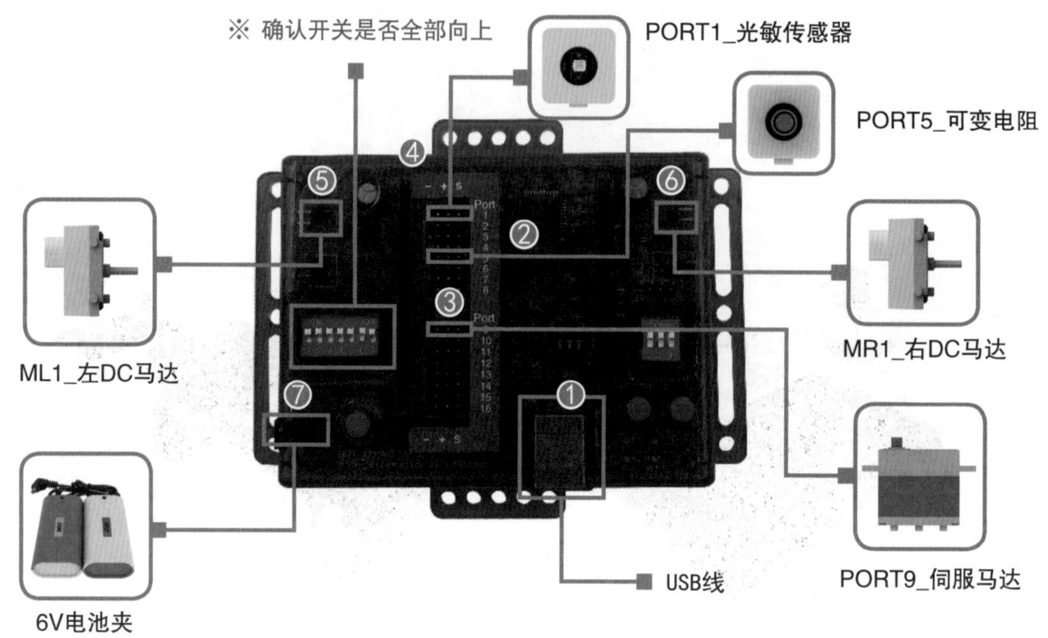

图 7-4　主板和组件连接装置图

算一算

文中提到了一级方程式赛车的价格超过 7 000 000 美元，请上网查出美元的当前汇率，计算出这个价格折合人民币价格为多少？

结束整理

（1）请将作品拍照、保存。
（2）请将 6V 电池夹关闭并拆下。
（3）请将电子元器件拆下。
（4）请将模型拆除。
（5）请将所有配件放回原位。
（6）对照表 7-1 所示配件清单清点配件。

第8单元 赛车编程

学习目标

◎ 理解赛车的程序逻辑。

◎ 能够编写赛车程序。

◎ 能够根据修改的逻辑重新编程。

◎ 熟练下载程序并启动赛车。

逻辑解读

启动赛车之前，先确定行车方向。如果可变电阻的阻值小于 512 欧，赛车前导向轮向左偏转；如果可变电阻的阻值大于 512 欧，赛车前导向轮向右偏转；如果阻值恰好等于 512 欧，赛车前导向轮复位。确定行车方向之后，如果光敏传感器检测到光，则赛车按可变电阻设置好的方向行驶；如果没有光，则停止行驶。

单次判断程序逻辑流程如图 8-1 所示。

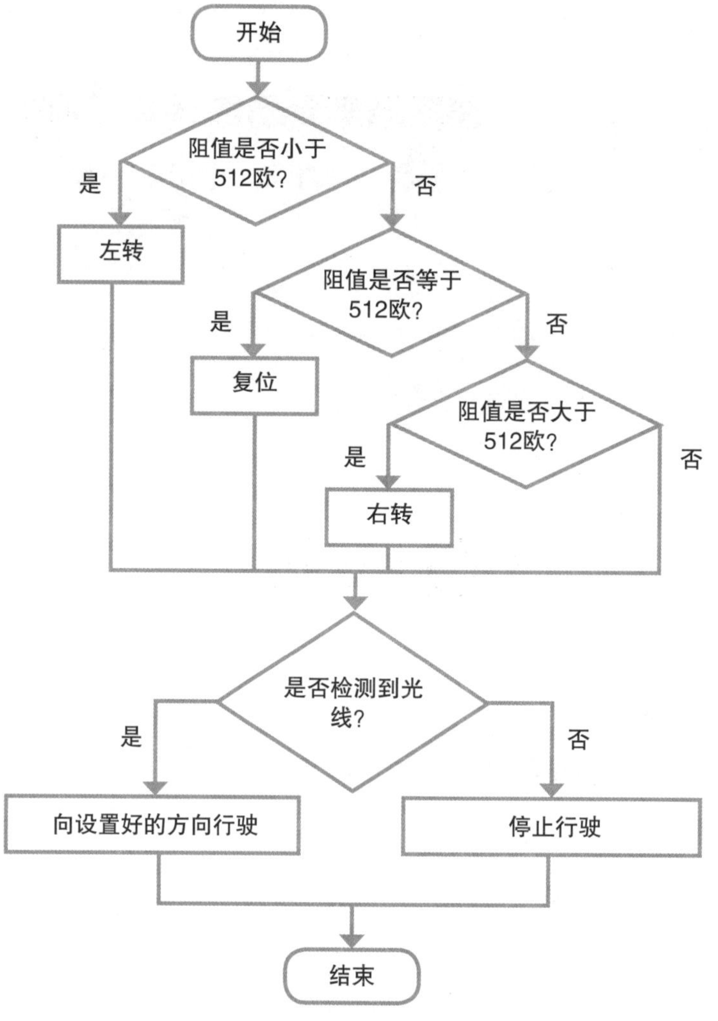

图 8-1 单次判断程序逻辑流程图

编程实现

① 分步编程

（1）可变电阻的阻值小于 512 欧，设定伺服马达偏转角度为当前可变电阻的阻值除以 −17（图 8-2）。注意是负数。

图 8–2 可变电阻阻值小于 512 欧

（2）可变电阻的阻值等于 512 欧，设定伺服马达偏转角度为 0（图 8–3）。

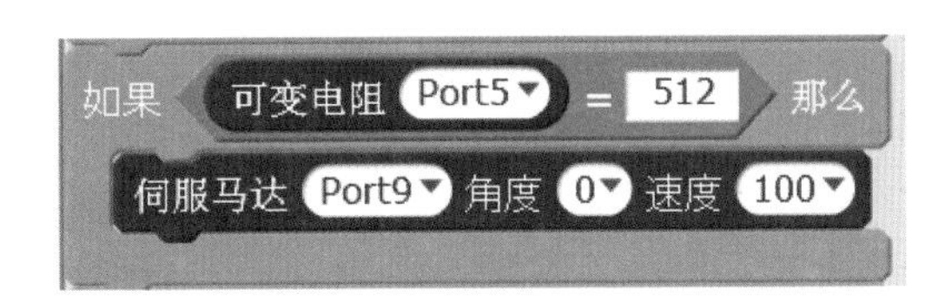

图 8–3 可变电阻阻值等于 512 欧

（3）可变电阻的阻值大于 512 欧，设定伺服马达偏转角度为当前可变电阻的阻值除以 17（图 8–3）。

图 8–4 可变电阻阻值大于 512

（4）光敏传感器检测光线（图 8–5）。确定行车方向后，接下来就该确定是否开车的问题了。如果光敏传感器检测到光线，则赛车朝伺服马达确定的方向行驶，否则停止行驶。

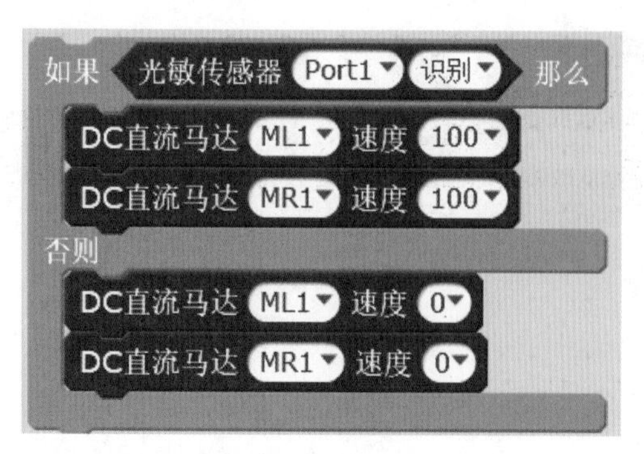

图 8-5　光敏传感器检测光线

② 完整程序（图 8-6）

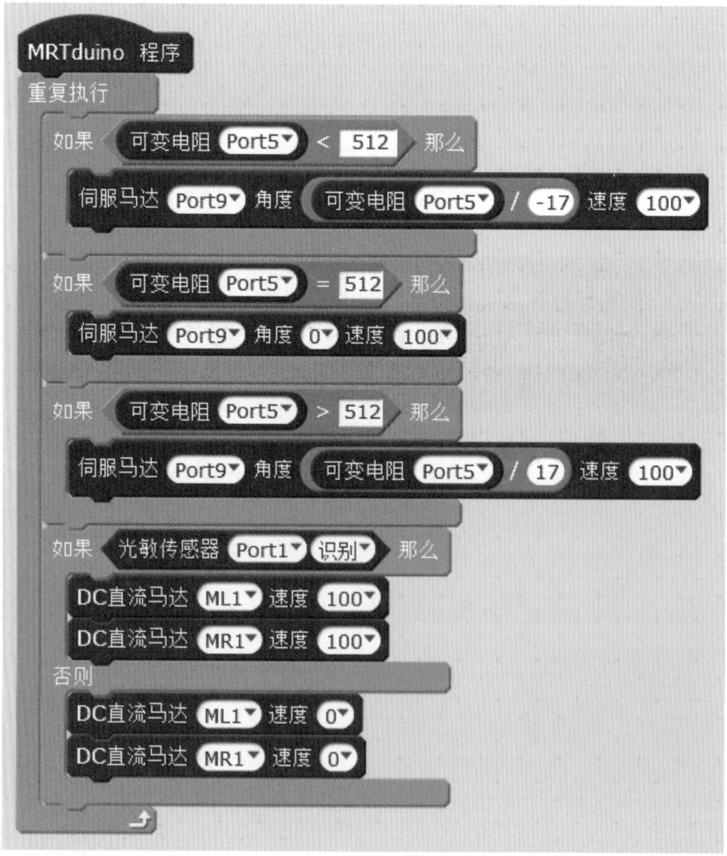

```
MRTduino 程序
重复执行
    如果 可变电阻 Port5 < 512 那么
        伺服马达 Port9 角度 (可变电阻 Port5 / -17) 速度 100
    如果 可变电阻 Port5 = 512 那么
        伺服马达 Port9 角度 0 速度 100
    如果 可变电阻 Port5 > 512 那么
        伺服马达 Port9 角度 (可变电阻 Port5 / 17) 速度 100
    如果 光敏传感器 Port1 识别 那么
        DC直流马达 ML1 速度 100
        DC直流马达 MR1 速度 100
    否则
        DC直流马达 ML1 速度 0
        DC直流马达 MR1 速度 0
```

图 8-6　完整程序

将程序下载到主板中，即可启动赛车。

（1）在本单元中，我们检测可变电阻阻值，当它大于 512 欧时向右转；小于 512 欧时向左转，等于 512 欧时直走。这样设置合理吗？如果不合理，如何修改比较好呢？

（2）在本单元中，我们将可变电阻阻值除以 17，得到伺服马达偏转的角度。那么，除以 10 可不可以呢？除以 20 可不可以呢？

（1）尝试按上面讨论的结果，修改程序，验证你的想法对不对。

（2）把你试验出来更好的方案告诉大家吧。

（1）请将作品拍照、保存。
（2）请将 6V 电池夹关闭并拆下。
（3）请将电子元器件拆下。
（4）请将模型拆除。
（5）请将所有配件放回原位。
（6）对照表 7-1 所示配件清单清点配件。

第9单元

学习目标

◎ 了解无人驾驶汽车的技术点。
◎ 了解无人驾驶汽车的分级。
◎ 能够重新绘制流程图。
◎ 能够根据流程图重新编写程序。

大开眼界

1 无人驾驶汽车

无人驾驶汽车，就是汽车依靠各种探测设备，如摄像头、雷达以及各种传感器，再加上计算机程序进行运算和判断，让汽车安全地行驶在马路上，不需要人类干预。

相对于人形机器人需要解决非常复杂的动作管理来说，汽车的运动相对简单，只需要处理轮子转动方向和加速减速，因此是比较容易实现的智能机器。

无人驾驶的智能技术只需满足以下两个条件：

1）对清晰可见的路面危险，如路面坑洼、有行人通过、有车转弯、红灯等做到即时反应。

2）沿着道路，按照相对简单的交通规则行驶。

看上去这两个条件比较好实现，但在实际驾驶的过程中充满着数不尽的、潜在的巨大危险，如地面上突然出现原来没有的大坑、突然跑上路面的小孩等，这些都在考验无人驾驶汽车的检测能力和计算能力。

2 无人驾驶汽车分级

无人驾驶汽车分为 L0 到 L5，共 5 级。

L0 级，是完全由人工驾驶汽车，没有智能成分。

L1 级，是主要由人驾驶汽车，不过，增加了自动巡航、自动制动等技术。如现在市场上的一些汽车，在车头装配了 ACC 毫米波雷达，可以检测与前车间的距离，一旦离前车太近，就会自动刹车，以保持车距。

L2 级，是部分自动驾驶，但驾驶员要时刻注意，一遇到汽车无法处理的情况要立刻接管驾驶。

L3 级，又叫条件自动驾驶。这个级别的无人驾驶汽车大部分都是由人工智能控制，也不再需要驾驶员随时准备接管。但因为人工智能在这个程度上还不能处理所有的路面突发事件，所以仍然需要驾驶员注意观察，在特殊的状况下介入处理。深圳无人驾驶公交车（图 9-1）的技术水平约处于 L2 级与 L3 级之间。

图 9-1　无人驾驶公交车

L4 级，是汽车已经基本上实现完全自动驾驶，因此，L4 又叫作高度自动驾驶。这个等级的车，方向盘等设施已经从车里去掉了，也就是人想接管都接管不了。目前，百度和谷歌已经推出这个等级的自动驾驶巴士。

L5 级，是无人驾驶汽车的最高级别。当汽车达到了这个级别，它就能行驶在任何地方，完全不需要人类的干预。目前还没有无人驾驶汽车能达到这个级别，但各国科学家和工程师都在向这个方向努力。同学们，说不定你就是未来完成这个级别无人驾驶汽车的研究人员呐！

（1）在第 7 单元中，可变电阻用于控制赛车方向，你觉得这样科学吗？为什么？

（2）如果不科学，你觉得用可变电阻控制赛车的哪一性能更合适？重新绘制流程图，并编程实现吧！

（1）请将作品拍照、保存。

（2）请将 6V 电池夹关闭并拆下。

（3）请将电子元器件拆下。

（4）请将模型拆除。

（5）请将所有配件放回原位。

（6）对照表 7-1 所示清单清点配件。

第10单元 音乐盒搭建

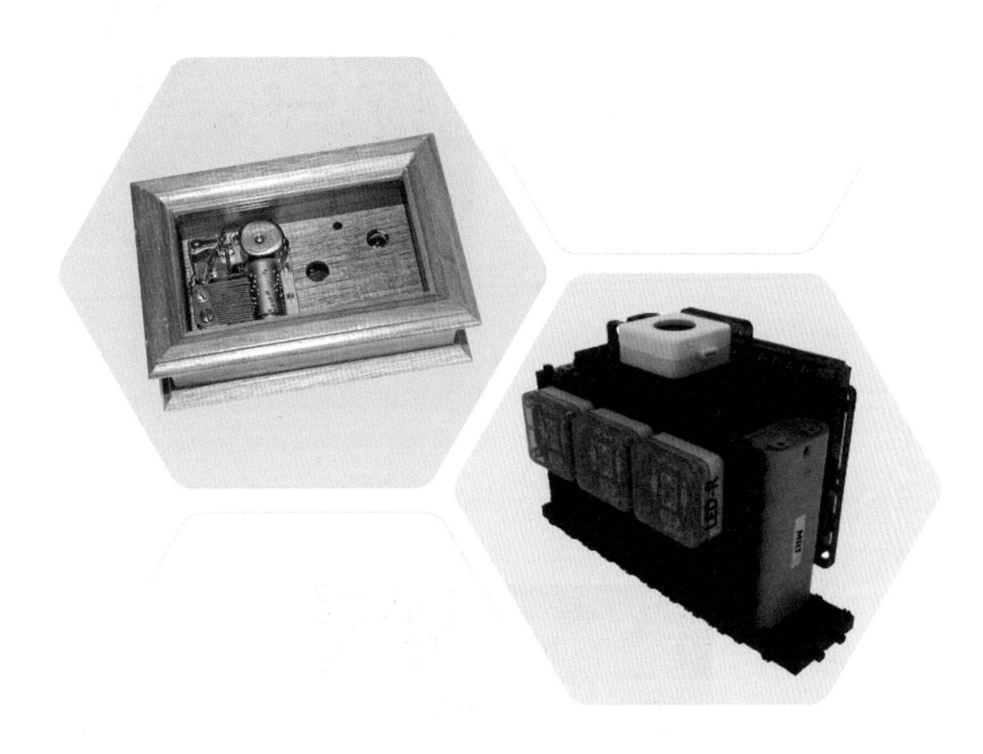

学习目标

◎ 了解音乐盒。

◎ 了解音乐盒发出音乐的奥秘。

◎ 能够搭建音乐盒模型。

◎ 能够正确连接主板和各元器件。

看一看

① 音乐盒

图 10-1　木制八音盒

商店里琳琅满目的音乐盒经常传来阵阵悠扬的乐声，勾起路人对美好往事的回忆。机械音乐盒于 14 世纪初发源于欧洲。多年来，机械音乐盒受到了越来越多人们的喜爱。它的制造，也和机械钟表一样，需要高度精细的工艺制作水平。

音乐盒的外观往往十分精美，有木制的（图 10-1）、水晶制成的以及其他现代材料制造的。不同的材料有不同的音色。

② 音乐盒的结构（图 10-2）

图 10-2　音乐盒的结构

音乐盒之所以能发出动听的声音，首先是要有动力带动表面有小凸起的金属音筒匀速转动。当金属音筒上的小凸起经过金属音板时会拨动音板，发出声音。音乐盒的动力来源可以是传统的发条也可以是现在的电池。音板是在一块弹性钢板上切割出长短不一的细条。音筒上的一个小凸点相当于乐谱上的一个音符。

在制作音乐盒时，需按以下步骤进行：

1）首先把分割好细条的音板和音筒用螺丝与底座牢牢固定。

2）音乐盒设计师对照乐谱，一点点地在转轴上安放小凸点。

3）最后，转动音筒，试听音乐并进行调整。

3 音乐盒的分类

音乐盒按音板的细条数（也就是可以发出的音符数），可以分为8音、12音、15音、16音、18音、20音、22音、27音、30音、36音、50音、55音、72音、78音、88音、144音、156音等。音数越多，弹奏的曲子音色越丰富细腻。

音乐盒的音筒直径不同，奏出的曲子长短也不一样。音筒的直径越大，能奏出的曲子越长。有的音乐盒可以更换音筒，就能奏出不同的音乐。

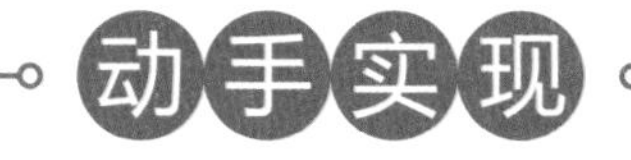

1 本单元创意拼装目标：音乐盒（图 10-3）。

图 10-3　音乐盒模型

② 准备材料

按照表 10-1 所示的配件清单准备拼装材料，做好搭建准备。

表 10-1　配件清单

品名	图示	数量	品名	图示	数量
模块 1117		1 块	LED（R）		1 个
模块 511		3 块	LED（Y）		1 个
模块 523		1 块	6V 电池夹		1 块
扬声器		1 个	主板		1 个
LED（G）		1 个			

③ 动手搭一搭（图 10-4）

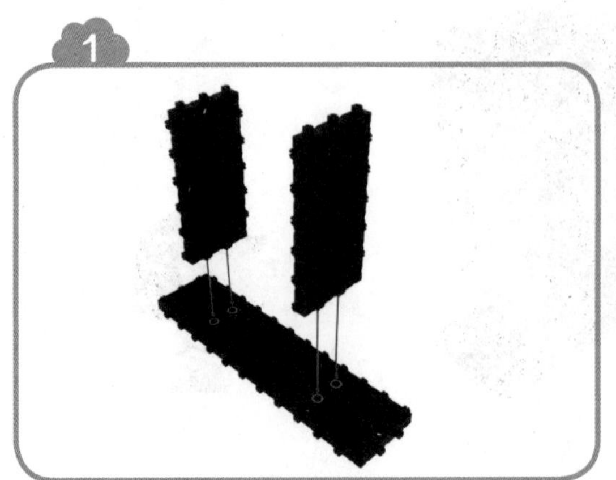

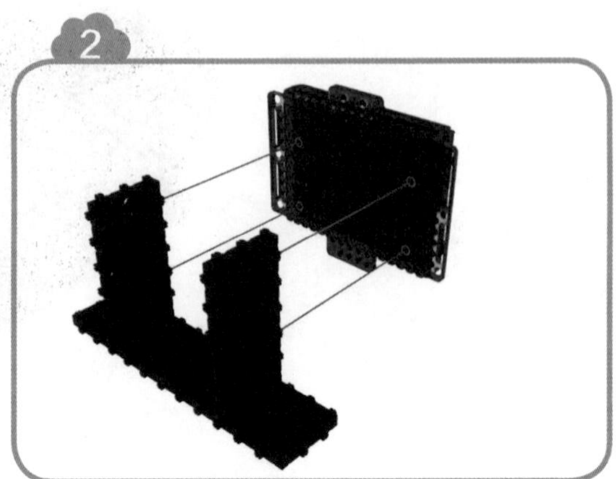

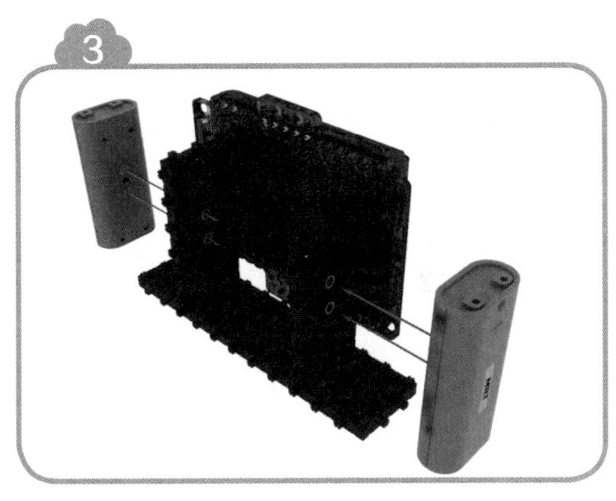

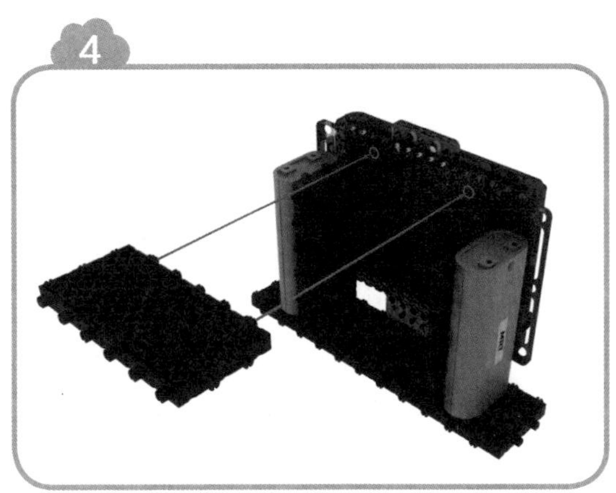

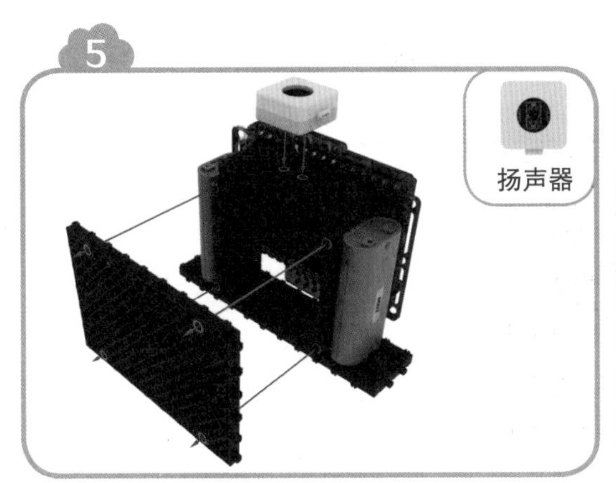

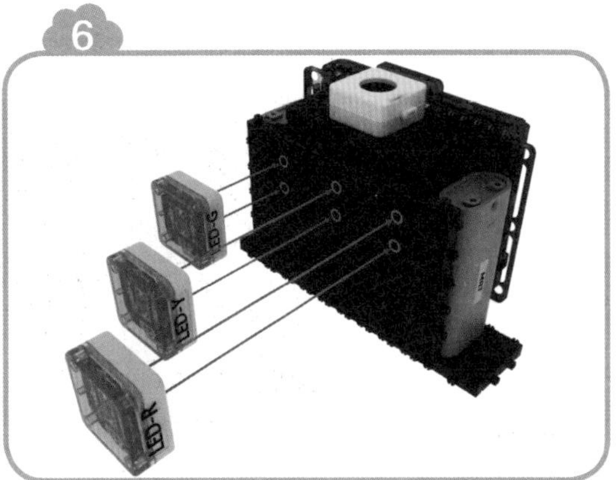

图 10-4　拼装步骤

连接主板和元器件，如图 10-5 所示。

（1）使用 USB 线连接计算机和主板。

（2）将扬声器连接到 PORT9。

（3）将 LED（R）、LED（G）、LED（Y）分别连接到 PORT10、PORT11、PORT12。

（4）将程序上传到主板后，拔下 USB 线，再连接 6V 电池夹。

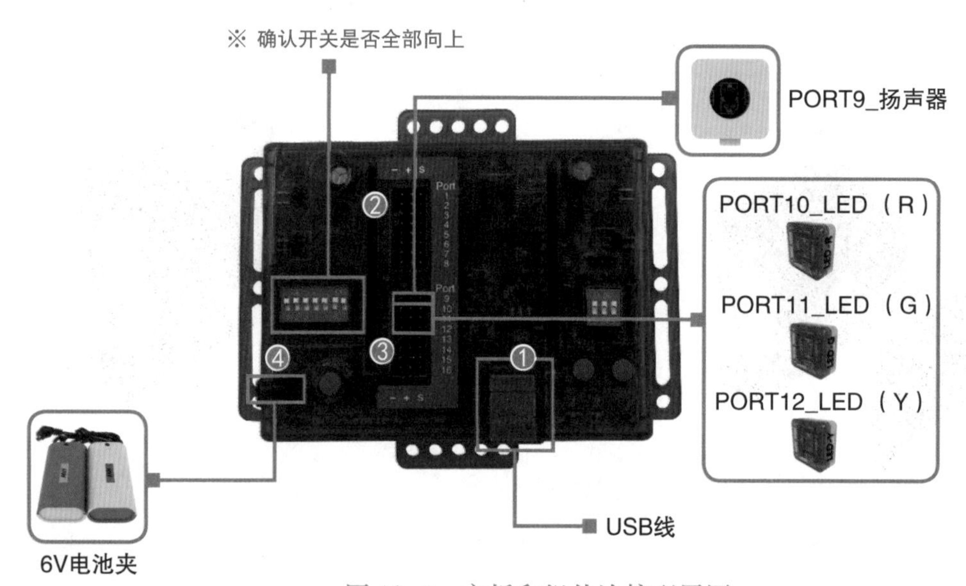

图 10-5　主板和组件连接配置图

（1）请将作品拍照、保存。

（2）请将 6V 电池夹关闭并拆下。

（3）请将电子元器件拆下。

（4）请将模型拆除。

（5）请将所有配件放回原位。

（6）对照表 10-1 所示配件清单清点配件。

第11单元

学习目标

◎ 初步了解模块化分析的方法。

◎ 初步了解分层实现程序的方法。

◎ 了解音名、唱名和简谱表达之间的对应关系。

◎ 能够完成本单元程序编写。

①《小星星》乐谱（图11-1）

小 星 星

1=C $\frac{2}{4}$

法国民歌

1 1 | 5 5 | 6 6 | 5 – | 4 4 | 3 3 |

2 2 | 1 – | 5 5 | 4 4 | 3 3 | 2 – |

5 5 | 4 4 | 3 3 | 2 – | 1 1 | 5 5 |

6 6 | 5 – | 4 4 | 3 3 | 2 2 | 1 – ‖

图 11-1 《小星星》乐谱

2 主程序流程

观察上面的《小星星》乐谱，我们会发现，其中，“Do Do So So La La So Fa Fa Mi Mi Re Re Do”这段音符共出现了两次，“So So Fa Fa Mi Mi Re”也出现了两次。如果我们把这两段音符分别定义为“第一部分”和“第二部分”，主程序流程可以简单地写成如图 11-2 所示的流程。

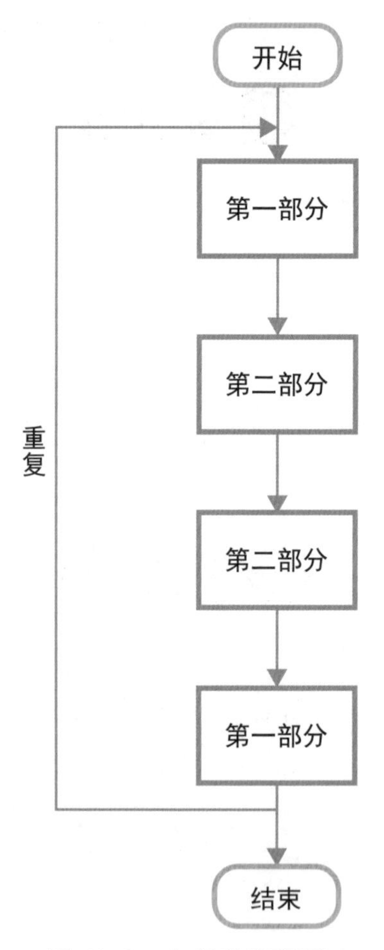

图 11-2　主程序流程图

3 子流程

主程序流程中的第一部分、第二部分称为子流程。接着，我们细化每一部分，也就是每一个子流程的内容。第一部分的内容可以用流程图表达，如图 11-3 所示。第二部分内容与第一部分类似，请同学们自行绘制。

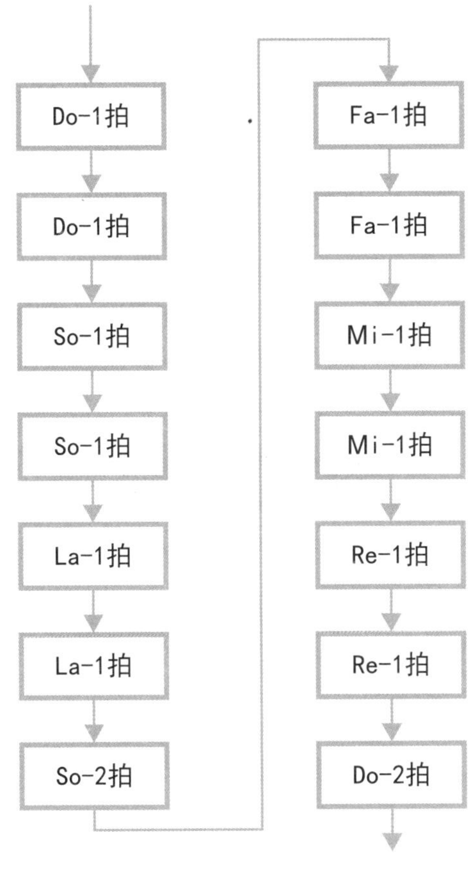

图 11-3　第一部分流程图

4 子流程的子流程

再进一步，我们把 7 个音符分别都定义为子流程。例如，Do 的子流程如图 11-4 所示，其中，“时长”为子流程的参数，在我们执行子流程时，可以提供不同的参数，让子流程奏出不同长短的音符（图 11-4）。

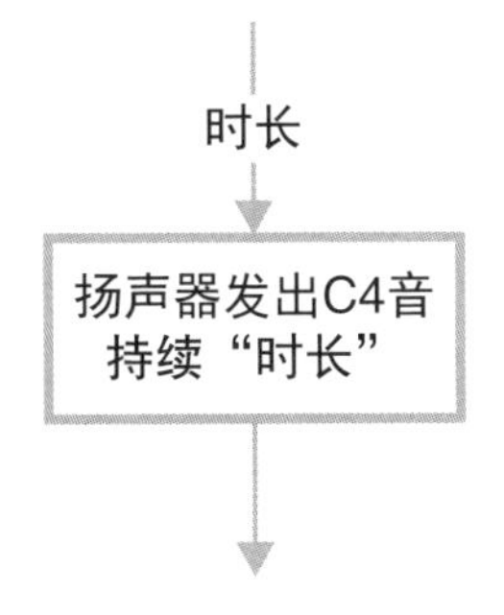

图 11-4　Do 的子流程图

5 唱名、音名、简谱表示法

唱名、音名、简谱表示法如表 11-1 所示。

表 11-1　唱名、音名、简谱表示法

唱名	Do	Re	Mi	Fa	So	La	Si
音名	C	D	E	F	G	A	B
简谱表示法	1	2	3	4	5	6	7

程序实现时，顺序是跟流程图分析倒过来的：先实现最底层的子流程，再一层一层往上实现。

（1）实现最底层子流程。

选择“新建模块指令”（图 11-5），在弹出的窗口中，单击“选项”的下拉箭头，展开选项。点击“添加一个数字参数”，在参数框处，将参数名改为“时长”后，单击“确定”。

图 11-5　新建 Do 模块指令

拖动一个扬声器积木放到出现在程序区的“定义 Do”积木下方，将“音调”设置为“NOTE_C4”，“节拍”设置为“时长”（图 11-6）。

图 11-6　设置 Do 模块指令的内容

（2）实现上一级子流程“第一部分”。

1）新建变量“一拍”（图 11-7）。

图 11-7　新建变量“一拍”

2）将“一拍”赋值为“500”，然后按照每个音符不同的拍数，填入拍子处（图 11-8）。

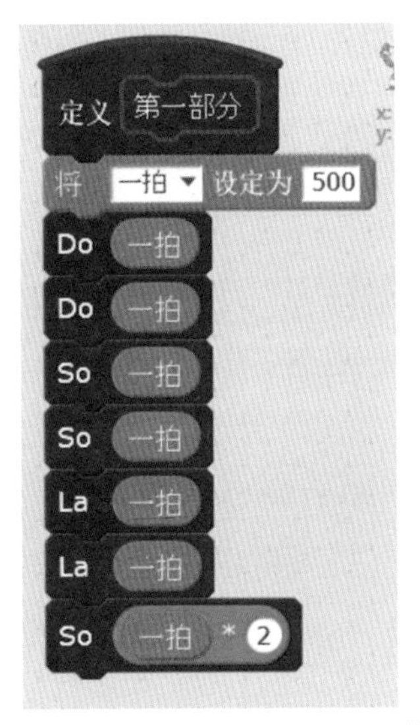

图 11-8　定义“第一部分”

（3）第二部分定义法同第一部分。

（4）编写主程序（图 11-9）。

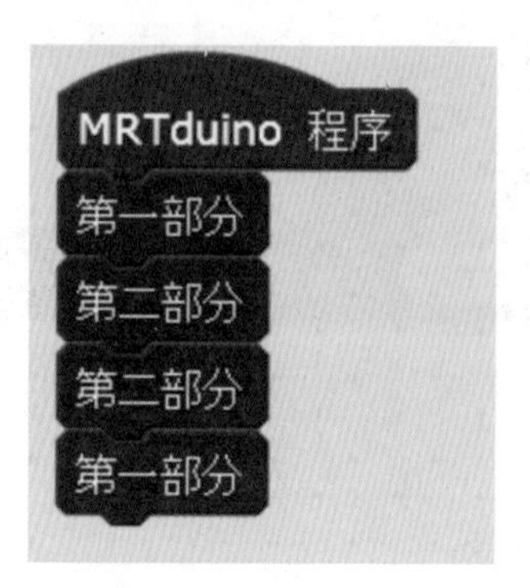

图 11-9　主程序

（5）将程序下载到主板中，并运行程序。

（1）你觉得这种编写程序的方法跟我们原来的做法有什么不同？

（2）用原来的方法，能编写出让扬声器播放《小星星》曲子的程序吗？

（3）扬声器播放声音的单位是“毫秒”，我们程序中设置的是一拍 500 毫秒。那么，一分钟能演奏多少拍呢？

（1）试试用原来的方法编写出让扬声器播放《小星星》曲子的程序，并下载执行。

（2）试试更改一拍的时间值，下载程序并执行，看看播放的曲子有什么不同？

（1）请将作品拍照、保存。

（2）请将6V电池夹关闭并拆下。

（3）请将电子元器件拆下。

（4）请将模型拆除。

（5）请将所有配件放回原位。

（6）对照表10-1所示配件清单清点配件。

第 12 单元

◎ 了解乐谱中的速度标记。

◎ 欣赏不同速度的音乐，并区分不同速度带来的风格的不同。

◎ 尝试改装音乐盒模型。

大开眼界

现代音乐通常以“拍每分钟”（beats per minute，简写为 bpm）作为音乐速度的单位。在上一单元的节拍器标度板（图 12–1）上，我们也接触过这个数值。

那么，标度板上所标示的单词又是什么意思呢？这些单词叫“速度标记”，指示一首曲子应该用怎样的速度进行演奏。

Prestissimo：最急板（178~500bpm）

Vivacissimo：非常快的快板 (141~150bpm)

Allegrissimo：极快的快板 (151~167bpm)

Presto：急板（168~177bpm）

Vivace：活泼的快板（133~140bpm）

Allegro：快板（110~132bpm）

Allegretto：稍快板（98~109bpm）

Moderato：中板（86~97bpm）

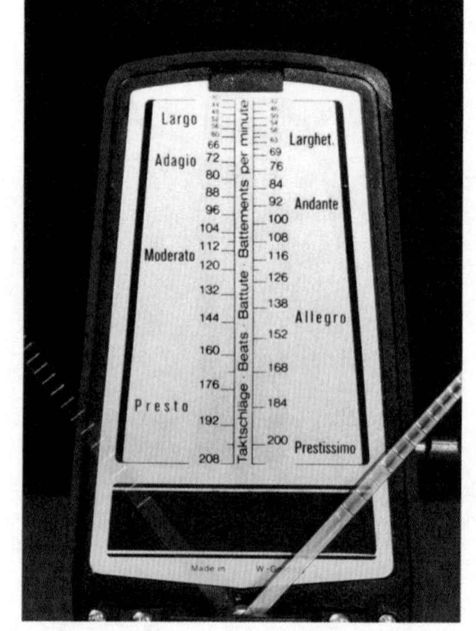

图 12–1　标度板

Andantino：稍快的行板（78~83bpm）
Andante：行板（73~77bpm）
Adagietto：颇慢（66~69bpm）
Adagio：柔板 / 慢板（56~65bpm）
Andante moderato：中慢板（70~72bpm）
Grave：沉重的、严肃的（20~40bpm）
Larghetto：甚缓板（51~55bpm）
Lento：缓板（41~45bpm）
Largo：最缓板（现代）或广板（46~50bpm）
Larghissimo：极端地缓慢（10~19bpm）
Marcia moderato：行进中（84~85bpm）
找几首不同速度的曲子听一听吧！

开动脑筋

（1）能不能在网上找别的曲子，把它编成你自己的音乐盒曲子呢？

（2）能不能让音乐盒在发出声音的时候，同时亮起灯光呢？如 Do 的时候亮起红色灯，Re 的时候亮起绿色灯，Mi 的时候亮起黄色灯，Fa 的时候亮起红色灯和绿色灯，So 的时候亮起红色灯和黄色灯，La 的时候亮起绿色灯和黄色灯呢？（**提示**：修改最底层的子流程）

（3）能不能改装音乐盒，增加光敏传感器，当盒子打开，感到亮光时，音乐盒开始奏出音乐；关闭盒子，感受不到亮光时，音乐盒停止奏出音乐？

结束整理

（1）请将作品拍照、保存。
（2）请将 6V 电池夹关闭并拆下。
（3）请将电子元器件拆下。
（4）请将模型拆除。
（5）请将所有配件放回原位。
（6）对照表 10-1 所示配件清单清点配件。

第 13 单元

◎ 了解人形机器人。

◎ 了解手的结构。

◎ 能够搭建小小音乐家模型。

◎ 能够正确连接主板和元器件。

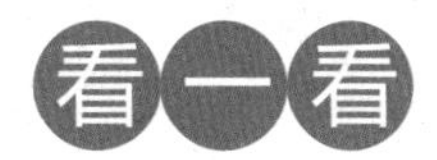

① 人形机器人

我们平时用的手机，其中有些是安装了安卓（Android）系统。你知道吗？其实安卓的本义是人形机器人。这种人形机器人特别指在外观和行为上都很像人类的机器人种类。不过，目前的科技发展还没有真正研制成功这样的机器人。

没有成功研制的其中一个原因是，人的动作是非常复杂的，需要很多肌肉、骨头、神经以及关节的协同合作，才能完成一个动作。仅仅是一只手，就可以做出无数的动作（图 13–1）。

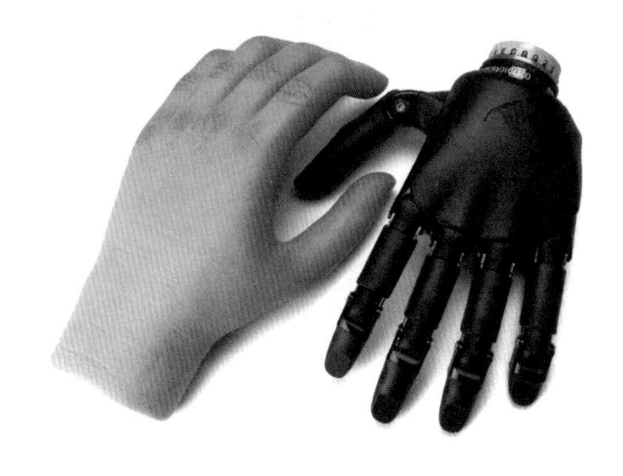

图 13–1　人手和机器人的手

② 手的结构

当宝宝在妈妈肚子里长到 5 周左右时，就会长出手了。到了 11 周的时候，宝宝的手的关节、肌肉和指甲都已经发育完全。宝宝 20 周大的时候，还会用幼嫩的手指挠挠自己的耳朵呢。

每只手都有 29 块骨头（图 13–2），这些骨头由 123 条韧带联系在一起，由 35 条强劲的肌肉来牵引，而控制这些肌肉的是 48 条神经。整只手通过 30 多条动脉以及数不清的小血管和毛细血管滋养。

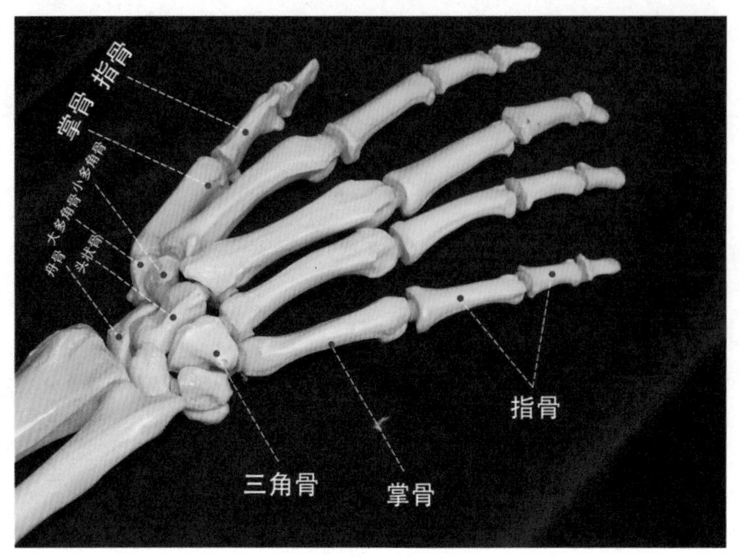

图 13–2　手的骨头

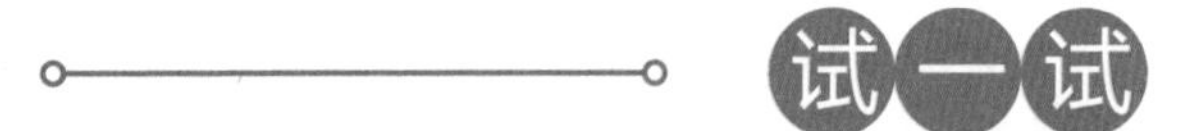

试一试

看看你的小手，摸一摸、数一数，你能数出几块骨头？

动手实现

① 本单元创意拼装目标：小小音乐家（图 13–3）。

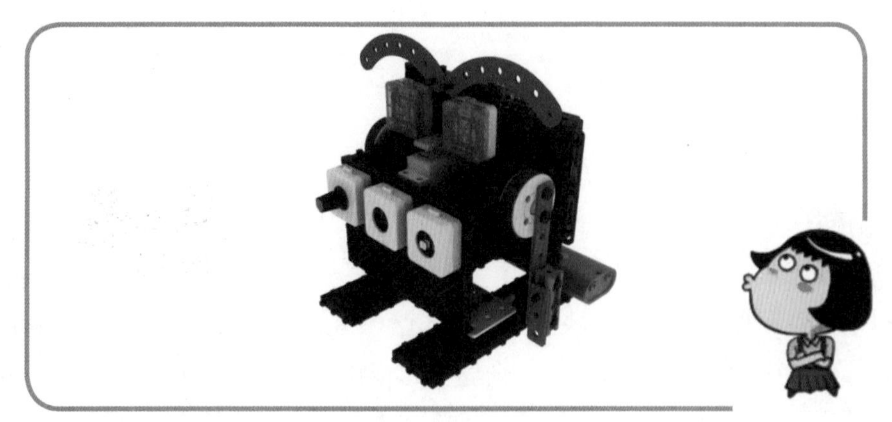

图 13–3　小小音乐家模型

第 1 单元　保险箱搭建

自评项	自评细则	自评结果
背景导入	认真了解背景知识	
	积极提出疑问	
	主动了解更多相关知识	
实验过程	准备所需配件	
	完成模型搭建	
	正确连接元器件	
	整理配件，并放回原位	
你在搭建过程中有没有遇到什么困难？有什么体会？		
综合评价：		

第 2 单元　保险箱编程

用自己的语言写出或画出程序流程:

（续）

<table>
<tr><th>自评项</th><th colspan="3">自评细则</th><th>自评结果</th></tr>
<tr><td rowspan="4">实验过程</td><td colspan="3">程序编写正确无误</td><td></td></tr>
<tr><td colspan="3">正确下载程序到主板中</td><td></td></tr>
<tr><td colspan="3">程序正常运行</td><td></td></tr>
<tr><td colspan="3">整理配件，并放回原位</td><td></td></tr>
<tr><td rowspan="2">探索创意</td><td colspan="3">更改保险箱“密码”</td><td></td></tr>
<tr><td colspan="3">尝试测试可变电阻的最大最小阻值</td><td></td></tr>
<tr><td>合作交流</td><td colspan="3">小组合作测出可变电阻的最大最小阻值</td><td></td></tr>
<tr><td colspan="5">分小组使用不同的方案测出可变电阻的最大最小阻值</td></tr>
<tr><td>小组名称</td><td></td><td>小组成员</td><td colspan="2"></td></tr>
<tr><td colspan="5">方案说明</td></tr>
<tr><td colspan="5">测试结果
可变电阻最小值:　　　　可变电阻最大值:</td></tr>
<tr><td colspan="5">总结</td></tr>
<tr><td colspan="5">综合评价：</td></tr>
</table>

第 3 单元　保险箱创意

写出或画出你希望智能家居如何更好地为你服务?

你想如何使用保险箱上的扬声器呢?

自评项	自评细则	自评结果
探索创意	积极展开想象力	
	想出扬声器用法并实现	
	搭建不同的模型	
结束整理	将配件拆卸整理，并放回原位	

综合评价:

第 4 单元　节拍器搭建

自评项	自评细则	自评结果
背景导入	认真了解背景知识	
	积极提出疑问	
	主动了解更多相关知识	
实验过程	准备所需配件	
	完成模型搭建	
	正确连接元器件	
	整理配件，并放回原位	

你在搭建过程中有没有遇到什么困难？有什么体会？

综合评价：

第 5 单元　节拍器编程

用自己的语言写出或画出程序流程:

（续）

自评项	自评细则	自评结果
实验过程	程序编写正确无误	
	正确下载程序到主板中	
	程序正常运行	
	整理配件，并放回原位	
探索创意	尝试计算节拍器的每分钟节拍数	
	尝试更改音调	
	尝试改变节拍器速度	
合作交流	讨论实验方案	
	小组实现实验方案	

<table>
<tr><td colspan="4">计算节拍器的每分钟节拍数</td></tr>
<tr><td>小组名称</td><td></td><td>小组成员</td><td></td></tr>
<tr><td colspan="4">方案说明</td></tr>
<tr><td colspan="4">测试结果
最低节拍 （拍/分钟）：　　　　最高节拍 （拍/分钟）：</td></tr>
<tr><td colspan="4">综合评价：</td></tr>
</table>

第 6 单元　节拍器创意

自评项	自评细则	自评结果
背景导入	认真了解背景知识	
	积极提出疑问	
	主动了解更多相关知识	
探索创意	将节拍器改造成其他物品	
	利用伺服马达，制作只有分针的钟	
结束整理	将配件拆除，并放回原位	

写出或画出你所改造的物品的程序流程:

综合评价:

第7单元　赛车搭建

自评项	自评细则	自评结果
背景导入	认真了解背景知识	
	积极提出疑问	
	主动了解更多相关知识	
实验过程	准备所需配件	
	完成模型搭建	
	正确连接元器件	
	整理配件，并放回原位	

你在搭建过程中有没有遇到什么困难？有什么体会？

综合评价：

第 8 单元　赛车编程

用自己的语言写出或画出程序流程:

（续）

自评项	自评细则	自评结果
实验过程	程序编写正确无误	
	正确下载程序到主板中	
	程序正常运行	
	整理配件，并放回原位	
探索创意	怎样设置可变电阻值更合理	
	尝试将可变电阻值除以不同值，观察效果	
合作交流	向同学们介绍自己的成果	

写出你的可变电阻值的方案及原因:

综合评价:

第 9 单元　赛车创意

自评项	自评细则	自评结果
背景导入	认真了解背景知识	
	积极提出疑问	
	主动了解更多相关知识	
探索创意	更改赛车模型并重新编程	
	添加必要功能	
结束整理	将配件拆除整理，并放回原位	

写出或画出改造后的赛车程序流程:

综合评价：

第 10 单元　音乐盒搭建

自评项	自评细则	自评结果
背景导入	认真了解背景知识	
	积极提出疑问	
	主动了解更多相关知识	
实验过程	准备所需配件	
	完成模型搭建	
	正确连接元器件	
	整理配件，并放回原位	

你在搭建过程中有没有遇到什么困难？有什么体会？

综合评价：

第 11 单元　音乐盒编程

用自己的语言写出或画出程序流程：

自评项	自评细则	自评结果
实验过程	程序编写正确无误	
	正确下载程序到主板中，程序正常运行	
	整理配件，并放回原位	
探索创意	尝试更改音乐盒的音乐	
合作交流	尝试分工合作，完成制作复杂乐曲	

你是怎样更改音乐盒的音乐的？

综合评价：

第 12 单元　音乐盒创意

自评项	自评细则	自评结果
背景导入	认真了解背景知识	
	积极提出疑问	
	主动了解更多相关知识	
探索创意	尝试给音乐盒添加音乐效果	
	尝试给音乐盒添加光敏传感器	
结束整理	将配件拆除，并放回原位	

这样的编程方式有什么好处?

综合评价：

第 13 单元　小小音乐家搭建

自评项	自评细则	自评结果
背景导入	认真了解背景知识	
	积极提出疑问	
	主动了解更多相关知识	
实验过程	准备所需配件	
	完成模型搭建	
	正确连接元器件	
	整理配件，并放回原位	

你在搭建过程中有没有遇到什么困难？有什么体会？

综合评价：

第 14 单元　小小音乐家编程

用自己的语言写出或画出程序流程:

（续）

自评项	自评细则	自评结果
实验过程	程序编写正确无误	
	正确下载程序到主板中	
	程序正常运行	
	整理配件，并放回原位	
观察记录	更改计算机器人头部转动角度的公式	
	记录机器人头部转动角度	
合作交流	和同学们分工合作，并一起观察结果	

机器人的头部转动的最大角度是多少？

更改计算机器人头部转动角度的公式，在下表记录机器人头部转动情况。

公式	头部转动角度范围（度）
$\frac{\text{可变电阻的阻值}}{11.3}-45$	0～70

综合评价：

第 15 单元　小小音乐家创意

自评项	自评细则	自评结果
背景导入	认真了解背景知识	
	积极提出疑问	
	主动了解更多相关知识	
探索创意	尝试更改机器人动作	
	尝试给机器人加上手并添加动作	
结束整理	将配件拆除整理，并放回原位	

为了添加手，需要添加哪些部件?

写出或画出手部动作部分的程序流程:

综合评价:

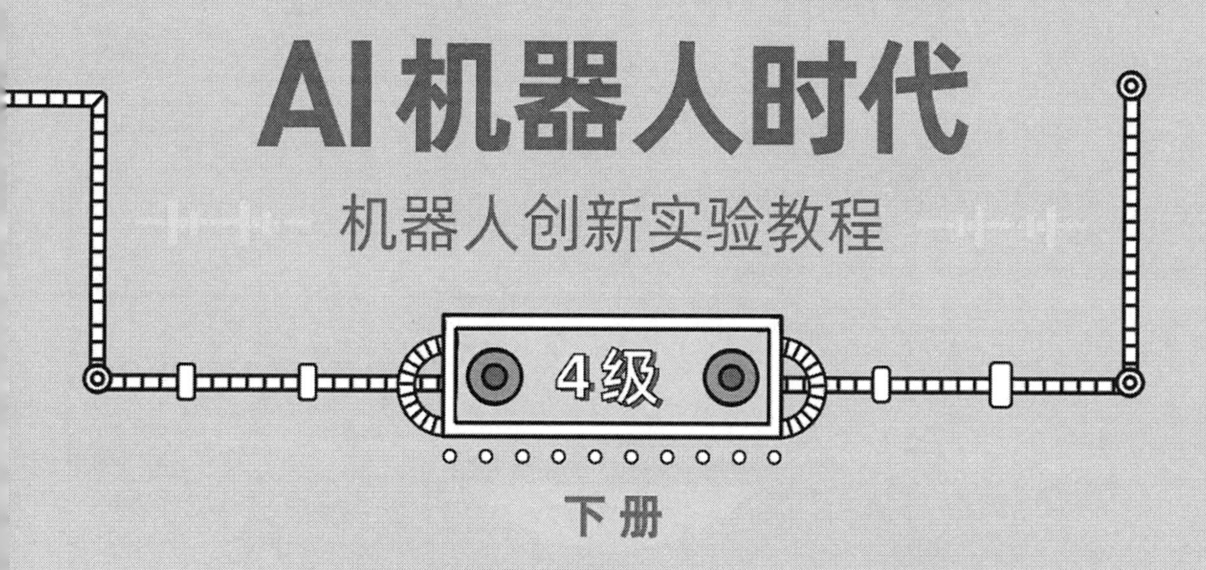

AI机器人时代

机器人创新实验教程

4级

下册

实训评价手册

“自评结果”按“一般”“合格”“优秀”填写

“综合评价”由指导老师填写

班级＿＿＿＿＿＿＿＿

姓名＿＿＿＿＿＿＿＿

机械工业出版社
CHINA MACHINE PRESS

② 准备材料

按照表 13-1 所示的配件清单准备拼装材料，做好搭建准备。

表 13-1 配件清单

品名	图示	数量	品名	图示	数量
模块 1117		2 块	LED（R）		1 个
模块 511		4 块	LED（G）		1 个
模块 523		2 块	扬声器		1 个
AL 框架 39		1 块	光敏传感器		1 个
AL 框架 17		2 块	可变电阻		1 个
AL 框架 15		2 块	伺服 horn		1 个
圆框架		2 块			
柱子模块 45		1 块	伺服马达		1 个
柱子模块 23		4 块			
短螺钉	8mm	4 个	DC 马达		2 个
中螺钉	16mm	16 个			
长螺钉	20mm	4 个	6V 电池夹		1 块
螺母		20 个			
蓝护帽		2 个	主板		1 个
小轮子		2 个			
伺服架		2 个	伺服马达专用小螺钉		2 个

③ 动手搭一搭（图 13-4）

1

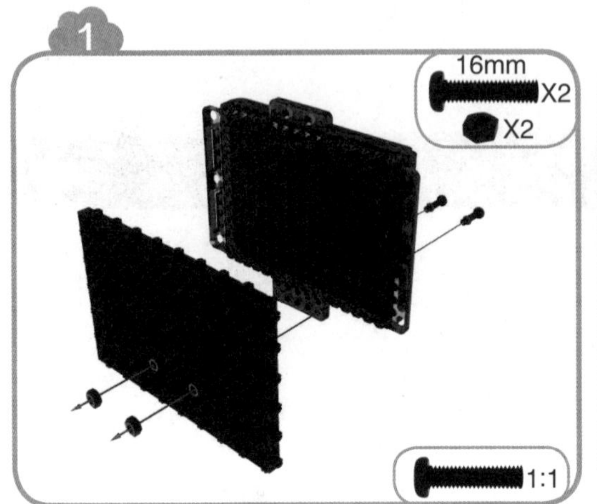

2

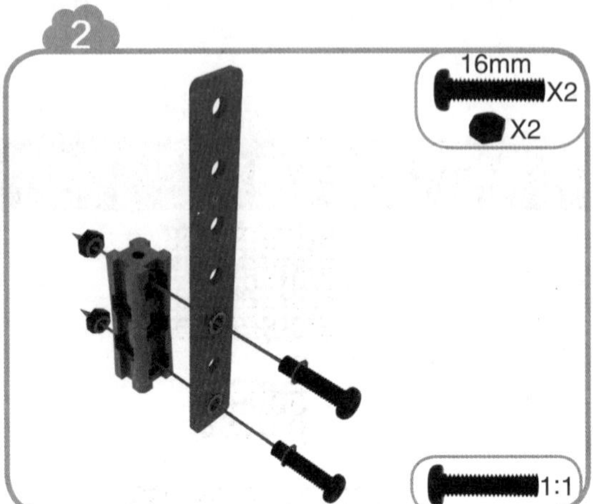

3

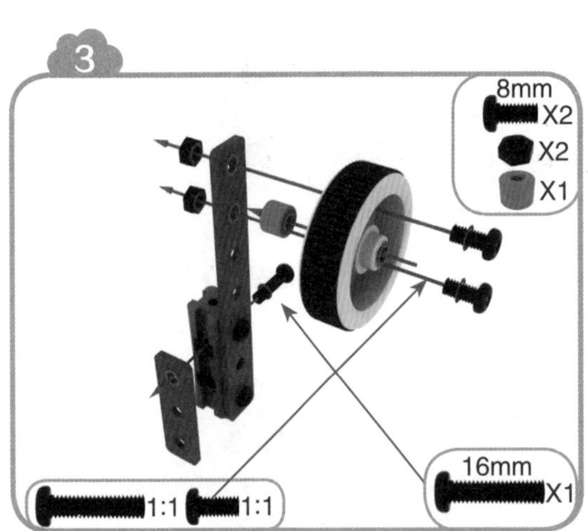

4

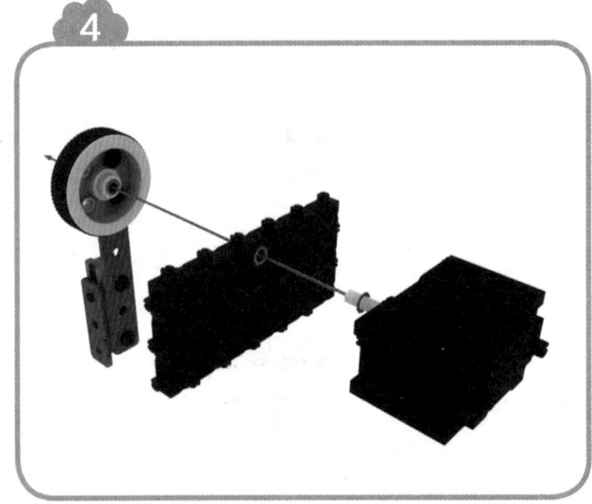

5

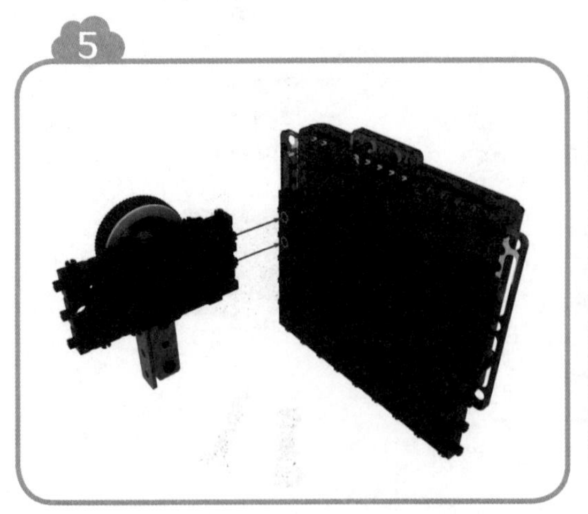

6

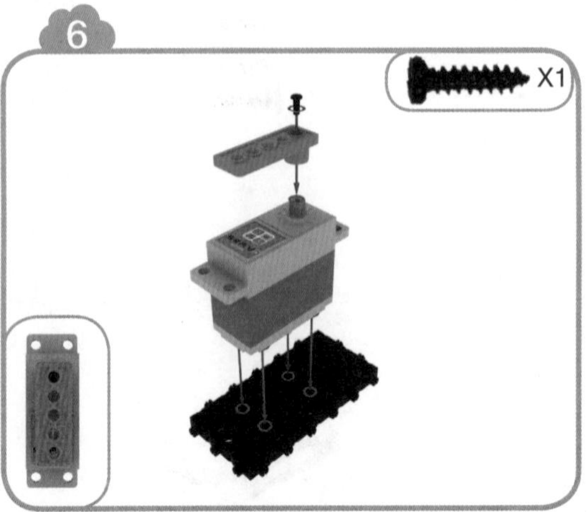

7

1. 使用伺服马达专用小螺钉将伺服 horn 安装到伺服马达上，注意伺服 horn 的方向。
2. 将伺服马达连接到主板相应的端口，如 Port9。
3. 编写如下程序上传到 MRT duino 后，关掉电源并重新打开。

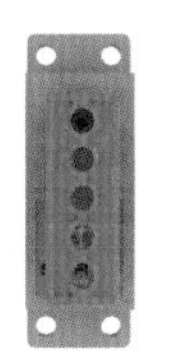

8

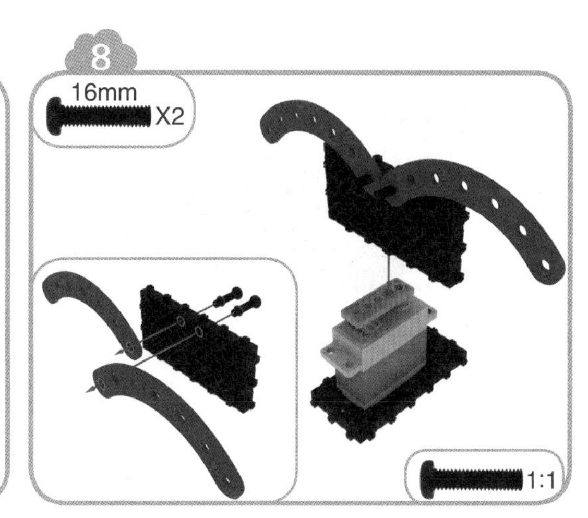

9

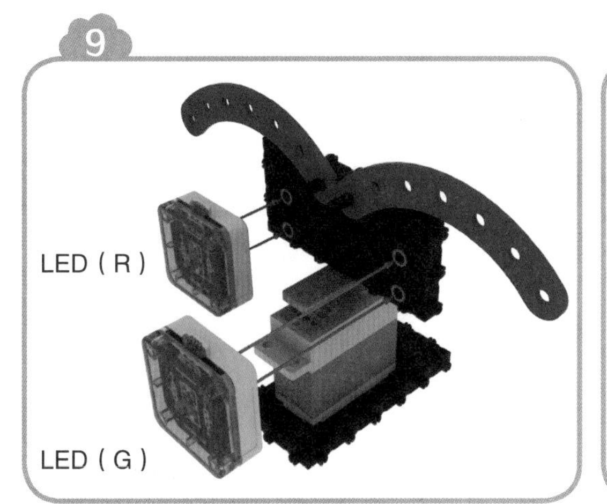

10

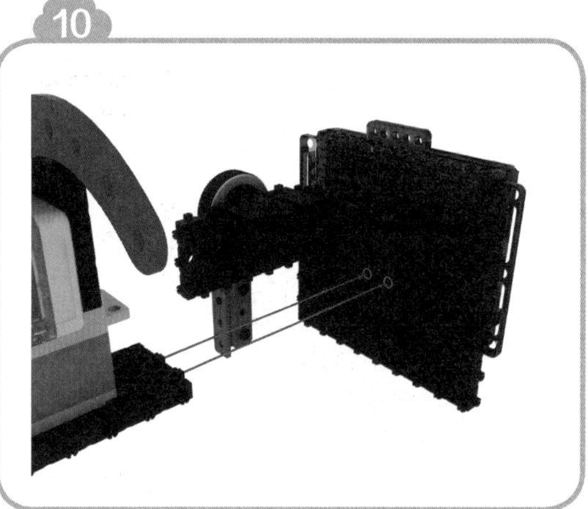

11

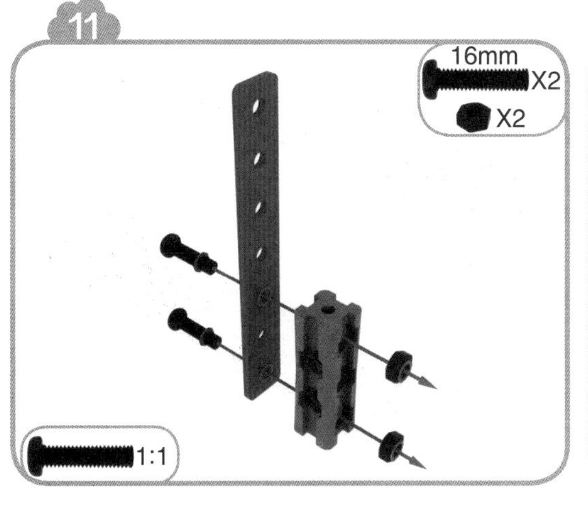

12

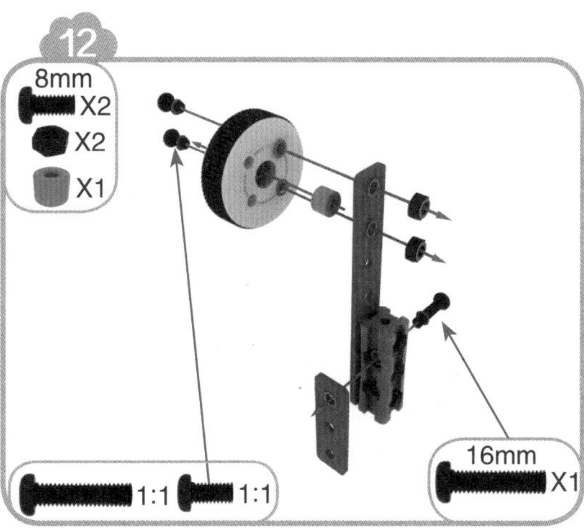

13

14

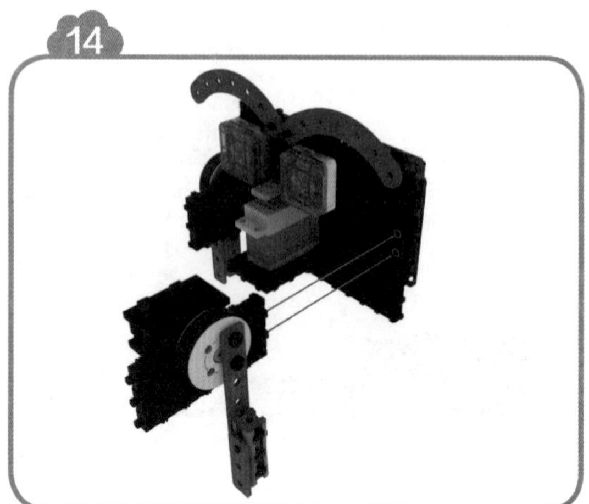

15

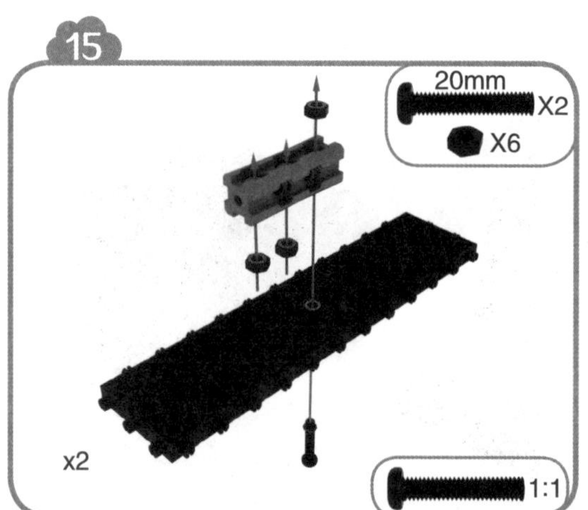

16

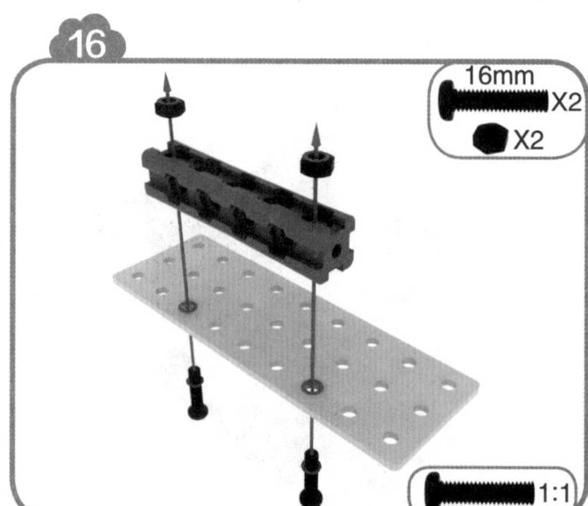

17

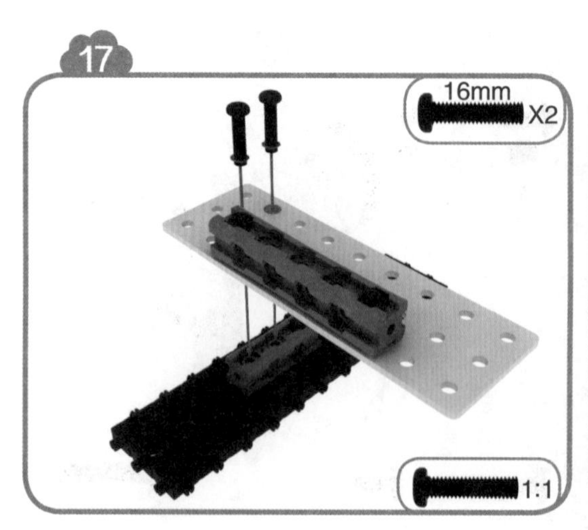

18

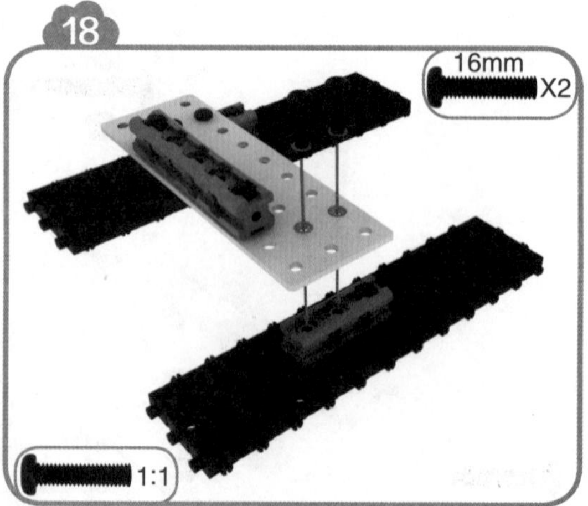

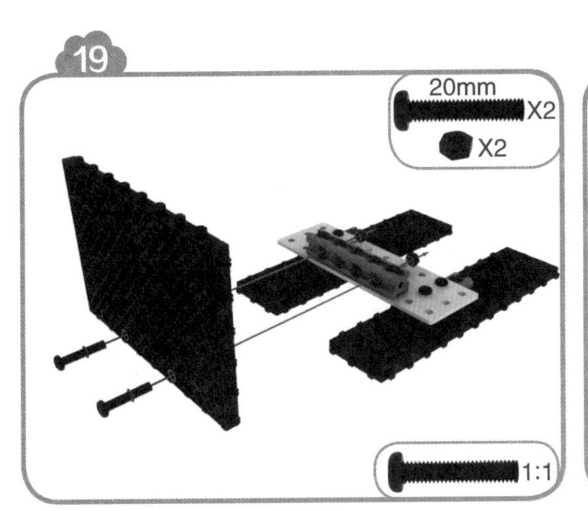

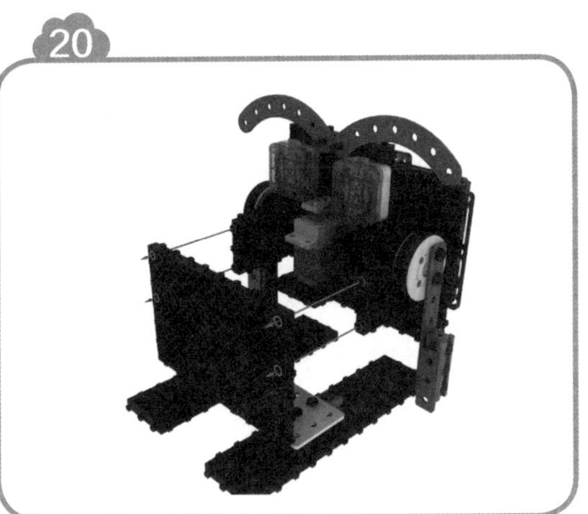

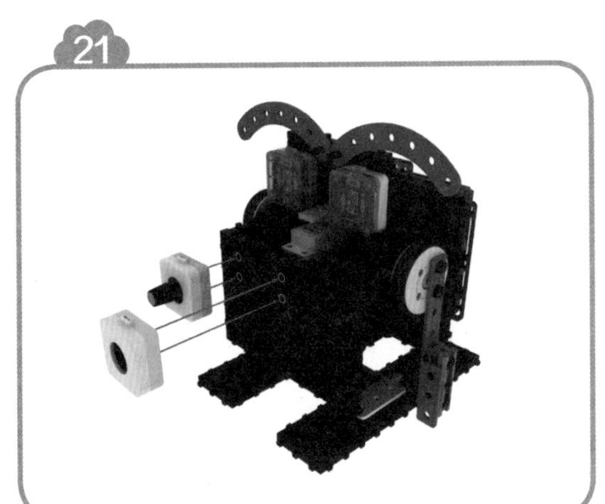

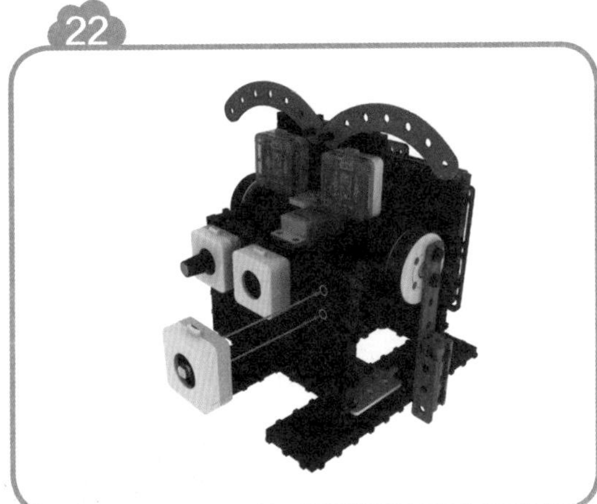

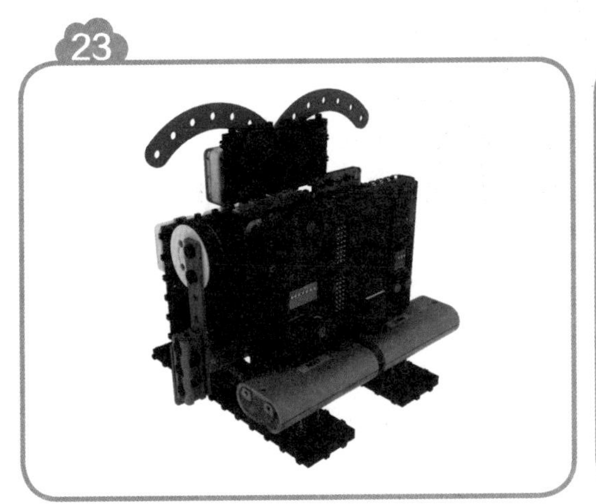

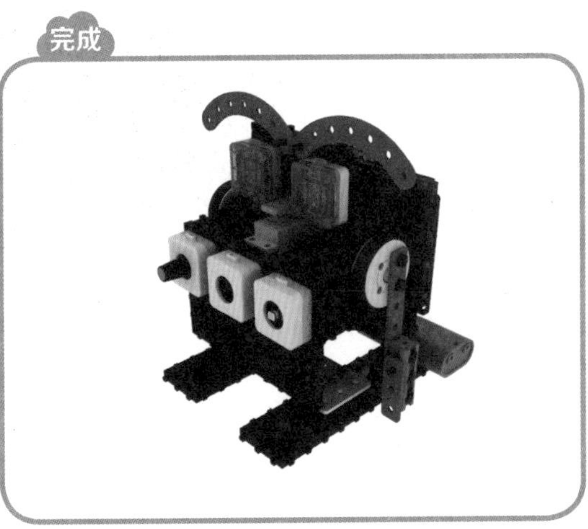

图 13-4　拼装步骤

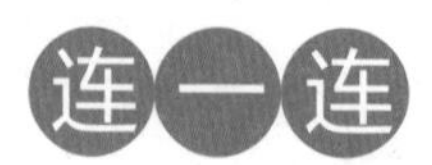

连一连

连接主板和元器件，如图 13-5 所示。

（1）使用 USB 线连接计算机和主板。

（2）将光敏传感器连接到 PORT1。

（3）将可变电阻连接到 PORT5。

（4）将伺服马达连接到 PORT9。

（5）将扬声器连接到 PORT13。

（6）将 LED（G）、LED（R）分别连接到 PORT10、PORT11。

（7）将左 DC 马达连接到 ML1 PORT。

（8）将右 DC 马达连接到 MR1 PORT。

（9）将程序上传到主板后，拔下 USB 线，再连接 6V 电池夹。

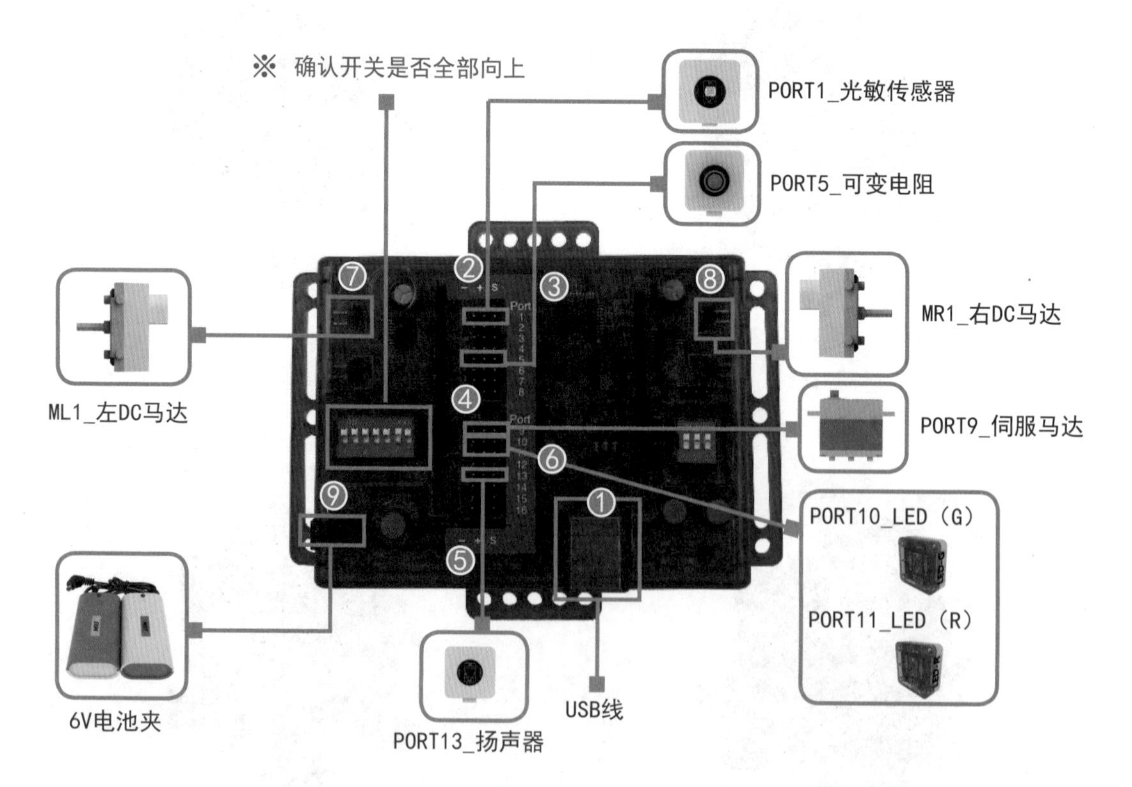

图 13-5　主板和组件连接配置图

结束整理

（1）请将作品拍照、保存。

（2）请将 6V 电池夹关闭并拆下。

（3）请将电子元器件拆下。

（4）请将模型拆除。

（5）请将所有配件放回原位。

（6）对照表 13-1 所示配件清单清点配件。

第 14 单元

◎ 理解小小音乐家的逻辑。

◎ 能够实现小小音乐家的程序编写。

① 机器人头部

机器人的头部摆动由伺服马达控制。摆动幅度由可变电阻的阻值控制。目前使用以下公式计算：

$$\frac{\text{可变电阻的阻值}}{11.3}-45$$

② 机器人脚部

检测到光线时，机器人开始跳舞。通过控制左、右 DC 马达的转速控制机器人脚步：

当左 DC 马达转速设定为 50，右 DC 马达转速设定为 −50 时，机器人抬起右脚，放下左脚。

当左 DC 马达转速设定为 −50，右 DC 马达转速设定为 50 时，机器人抬起左脚，放下右脚。

如果检测不到光线，机器人停止动作，开始唱童谣“印第安”和童谣“飞机”。

整个流程如图 14−1 所示。

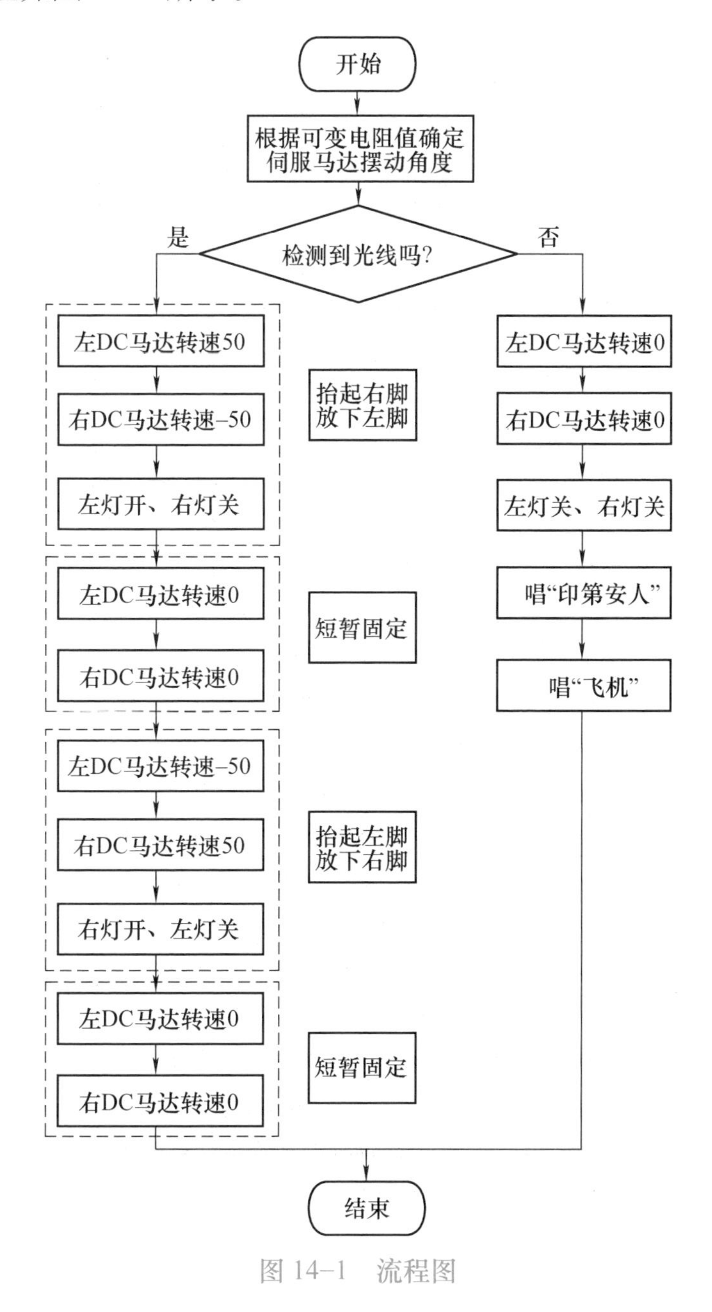

图 14−1　流程图

编程实现

（1）实现子流程唱“飞机”（图 14-2）。

```
定义 飞机
扬声器 Port13 音调 NOTE_E3 节拍 八分之一
扬声器 Port13 音调 NOTE_D4 节拍 八分之一
扬声器 Port13 音调 NOTE_C4 节拍 八分之一
扬声器 Port13 音调 NOTE_D4 节拍 八分之一
扬声器 Port13 音调 NOTE_E4 节拍 八分之一
扬声器 Port13 音调 NOTE_E4 节拍 八分之一
扬声器 Port13 音调 NOTE_E4 节拍 四分之一
扬声器 Port13 音调 NOTE_D4 节拍 八分之一
扬声器 Port13 音调 NOTE_D4 节拍 八分之一
扬声器 Port13 音调 NOTE_D4 节拍 四分之一
扬声器 Port13 音调 NOTE_E4 节拍 八分之一
扬声器 Port13 音调 NOTE_G4 节拍 八分之一
扬声器 Port13 音调 NOTE_G4 节拍 四分之一
扬声器 Port13 音调 NOTE_E4 节拍 八分之一
扬声器 Port13 音调 NOTE_D4 节拍 八分之一
扬声器 Port13 音调 NOTE_C4 节拍 八分之一
扬声器 Port13 音调 NOTE_D4 节拍 八分之一
扬声器 Port13 音调 NOTE_E4 节拍 八分之一
扬声器 Port13 音调 NOTE_E4 节拍 八分之一
扬声器 Port13 音调 NOTE_E4 节拍 四分之一
扬声器 Port13 音调 NOTE_D4 节拍 八分之一
扬声器 Port13 音调 NOTE_D4 节拍 八分之一
扬声器 Port13 音调 NOTE_E4 节拍 八分之一
扬声器 Port13 音调 NOTE_D4 节拍 八分之一
扬声器 Port13 音调 NOTE_C4 节拍 二分之一
```

图 14-2 唱“飞机”程序

（2）根据曲谱完成子流程“印第安”。

（3）完成整体程序（图 14-3）。

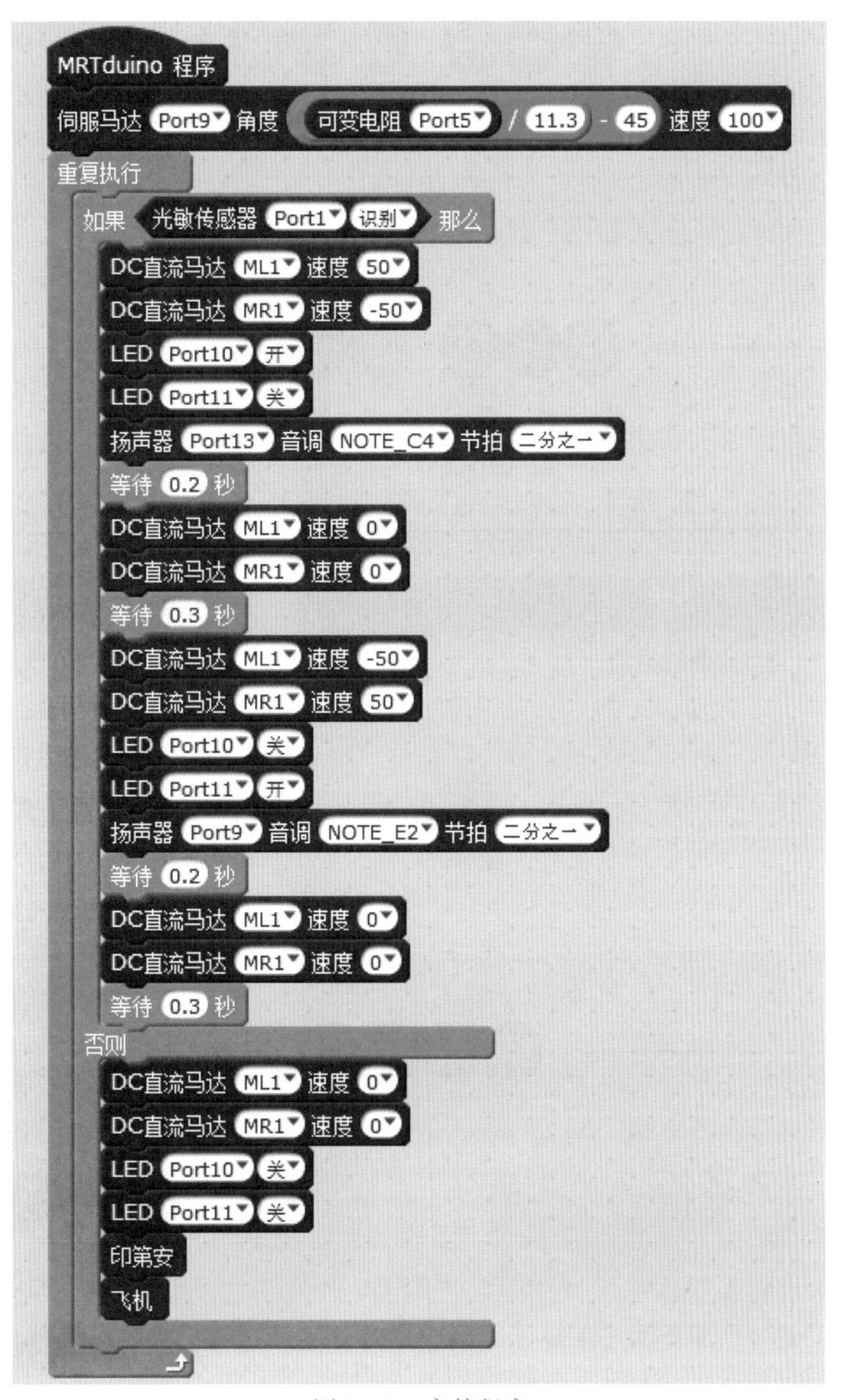

图 14-3　完整程序

（4）将程序下载到主板中，并执行程序。

（1）已知可变电阻最大的阻值是 1300 欧，那么机器人的头部转动的最大角度是多少？

（2）你想让机器人唱什么歌呢？

尝试更改计算机器人头部转动角度的公式，并下载、执行，看看修改后的效果，填写表 14-1。

表 14-1 测试数据

公式	头部转动角度范围（度）
$\frac{\text{可变电阻的阻值}}{11.3}-45$	0~70

（1）请将作品拍照、保存。

（2）请将 6V 电池夹关闭并拆下。

（3）请将电子元器件拆下。

（4）请将模型拆除。

（5）请将所有配件放回原位。

（6）对照表 13-1 所示配件清单清点配件。

第15单元

学习目标

◎ 了解作为艺术形式的舞蹈。

◎ 了解体育舞蹈的竞技性。

◎ 能够在原有基础上更改机器人动作。

◎ 能够团队合作搭建复杂模型。

大开眼界

① 舞蹈

舞蹈是艺术的一种形式，它是不同种类、不同样式、不同风格的舞蹈的总称。舞蹈可以在过节、庆祝的场合跳，也可以在人们进行社会交往、增进友谊、联络感情的场合跳。舞蹈和体育的结合又出现了体育舞蹈等。

② 体育舞蹈

体育舞蹈也称国际标准交谊舞，简称国标舞。国标舞是标准体育运动项目之一，是以男女成对进行的一项竞赛项目。国标舞分两大类，一类是摩登舞，包含华尔兹、探戈、狐步和快步舞等舞种；一类是拉丁舞，包括伦巴、恰恰、桑巴、牛仔和斗牛舞（图 15-1）等。

图 15-1　斗牛舞

体育舞蹈的比赛音乐不超过 4 分 30 秒，按比赛规模设置 5~9 名裁判员，按基本技术、音乐表现力、舞蹈风格、舞蹈编排、临场表现、赛场效果等 6 个方面进行评分。

开动脑筋

（1）可以让机器人跳出不同的舞步吗？例如左左、右右或者左右左等等。

（2）利用现有的元器件，可以让机器人的头、脚做出不同的动作吗？

（3）利用多套“工具包”中的元器件，能给机器人加上手吗？

结束整理

（1）请将作品拍照、保存。

（2）请将 6V 电池夹关闭并拆下。

（3）请将电子元器件拆下。

（4）请将模型拆除。

（5）请将所有配件放回原位。

（6）对照表 13-1 所示配件清单清点配件。